GOLDEN ROUTE

化学

［化学基礎・化学］

基礎編

大学入試問題集
ゴールデンルート

問題編

QUESTION

1 » 50

この別冊は本体との接触部分が糊付けされていますので、この表紙を引っ張って、本体からていねいに引き抜いてください。なお、この別冊抜き取りの際に損傷が生じた場合、お取り替えはお控えください。

目次

化学［化学基礎・化学］

基礎編

GOLDEN ROUTE / CHEMISTRY / CONTENTS

CHAPTER 1

理論化学

1　原子の構造，電子配置

解答目標時間：8 分

問　物質は基本的な粒子である原子から構成されている。原子は，中心にある正の電気を帯びた1個の原子核と，原子核のまわりをとりまく負の電気を帯びたいくつかの電子から構成されている。さらに，原子核は正の電気を帯びた［　ア　］と電気を帯びていない［　イ　］から構成されている。［　ア　］の数と［　イ　］の数をたした数を［　ウ　］という。電子はいくつかの電子殻に分かれて存在しており，それらの電子殻は，原子核に近いものから順に，K殻，(a)L殻，M殻，N殻…と呼ばれている。原子が他の原子と結合するとき，特に重要な役割を果たす最外殻電子を［　エ　］という。また，原子が電子を失ったり受け取ったりするとイオンになる。

問1　［　ア　］～［　エ　］に当てはまる最も適切な語句をそれぞれ記せ。

問2　下線部(a)で記したそれぞれの電子殻に収容される電子の最大数をそれぞれ答えよ。

問3　天然には相対質量が異なる二種類の安定な塩素原子が存在し，原子量は35.5である。以下の(i)と(ii)の問いに答えよ。

(i)　これら二種類の原子を互いに何と呼ぶか。

(ii)　二種類の原子のうち，一方の相対質量が36.9，存在比が24.2%であるとして，他方の原子の相対質量を有効数字3桁で求めよ。

問4　フッ素原子は最外殻に電子1個を受け取り，1価の陰イオンになる。フッ素原子とその陰イオンそれぞれの原子核の電荷および電子配置を，図にならって記せ。

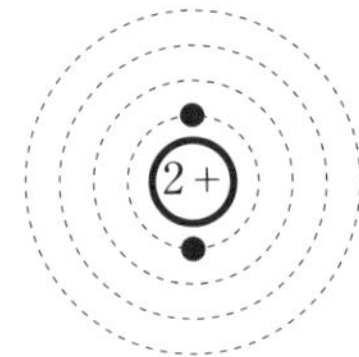

（中心の円と数字はそれぞれ原子核とその電荷を示し，同心円状の破線と黒丸はそれぞれ電子殻と電子を表すものとする）

図　ヘリウム原子の原子核と電子配置

〈広島大〉

★★★

合格へのゴールデンルート

GR 1　原子は陽子，中性子，(　　)の数をチェックしよう。

GR 2 電子殻に入る電子の個数はL殻は(　　)個，M殻は(　　)個である。
GR 3 原子量＝((　　)の相対質量×存在比)の和で求められる。

2　周期表，周期律

解答目標時間：7 分

問　元素を原子番号の順に並べると，最外殻電子の数は周期的に変化する。周期表の同じ族に属している元素を［ ア ］といい，特別な名称でよぶことがある。周期表の 1 族元素には，H，Li，Na，［ 1 ］などが属し，1 族元素の原子では，価電子の数はいずれも［ 2 ］である。18 族元素には He，Ne，Ar，［ 3 ］などが属し，18 族元素の原子では，価電子の数はいずれも［ 4 ］となる。

問 1　［ ア ］に当てはまる語を答えよ。

問 2　［ 2 ］，［ 4 ］には当てはまる数値を，［ 1 ］，［ 3 ］には第 4 周期の元素の元素記号をそれぞれ答えよ。

問 3　文中の下線部の例として，18 族の元素は何と呼ばれるか。

問 4　原子番号 1〜20 の元素のうちで，イオン化エネルギーが最も大きい元素と，最も小さい元素の元素記号をそれぞれ記せ。

問 5　気体状態の原子が，最外電子殻に 1 個の電子を受け取って 1 価の陰イオンになるときに放出されるエネルギーについて，次の(1)〜(3)に答えよ。

(1)　このエネルギーは何と呼ばれるか。

(2)　元素の周期表の第 2 周期に属する元素の原子の中で，このエネルギーの値が最も大きい原子はどの族に属するか。数字で答えよ。

(3)　このエネルギーに関する次の記述のうちから，正しいものを 2 つ選べ。

(ア)　エネルギーの値が大きい原子ほど，陰イオンになりやすい。

(イ)　エネルギーの値が大きい原子ほど，陽イオンになりやすい。

(ウ)　エネルギーの値が小さい原子ほど，電気陰性度の値が大きい。

(エ)　1 価の陰イオンから電子 1 個を取り去るのに必要なエネルギーと大きさが等しい。

〈北里大〉

GOLDEN ROUTE 1

GOAL

★★★

合格へのゴールデンルート

GR 1 周期表は性質が似た元素が(縦 or 横)に並ぶ。
GR 2 イオン化エネルギーは周期表の右上ほど(大きい or 小さい)。
GR 3 電子親和力は同一周期では(　　)族の原子が最大。

3 化学結合

解答目標時間：10 分

問

イオン結合は，(1)電気陰性度の大きな原子が[ア]イオンに，電気陰性度の小さな原子が[イ]イオンになり，これらが結びつくことによってできる。このイオン結合によって多数のイオンが結びついた結晶を(2)イオン結晶という。

金属結合では，[ウ]は特定の原子に束縛されずに，自由電子となって原子の間を動き回る。(3)金属結晶のさまざまな性質が，自由電子の存在によって説明される。

共有結合では，結合する2個の原子が互いに[ウ]を出し合い，[エ]対を形成する。同種元素どうしの共有結合では，[エ]対は2つの原子の中間にあるが，異種元素間の共有結合では，[エ]対は電気陰性度の大きな原子に引き寄せられ，その結果，結合に(4)極性が生じる。

(5)分子間力には，ファンデルワールス力や[オ]結合がある。分子量が大きい分子や極性分子はファンデルワールス力が大きい。また，H_2O は分子間にファンデルワールス力だけでなく[オ]結合もはたらくので，H_2O は分子量から推定される沸点より異常に高くなる。

問1 文章中の[ア]～[オ]に当てはまる最も適切な語をそれぞれ記せ。

問2 下線部(1)について，電気陰性度の最も大きな原子の元素記号を記せ。

問3 下線部(2)について，次のイオン結晶 MgO，NaCl，KCl のうち，最も融点の高い結晶の化学式を記せ。なお，これらの結晶はいずれも NaCl 型結晶である。

問4 下線部(3)について，アルカリ金属元素 Li，Na，K の金属結晶の融点を高い方から順に元素記号で記せ。なお，これらの結晶はいずれも体心立方格子の構造である。

問5　下線部(4)について，結合には極性があるが，分子全体としては極性をもたない分子を，次の(a)〜(e)のうちからすべて選び，化学式で記せ。

(a)　塩素　　(b)　塩化水素　　(c)　メタン　　(d)　アンモニア

(e)　二酸化炭素

問6　下線部(5)について，次の(a)，(b)それぞれについて，最も沸点の高いものを選び，化合物名を記せ。

(a)　F_2，Cl_2，Br_2

(b)　HF，HCl，HBr

〈九州工業大〉

★ ★ ★

合格へのゴールデンルート

GR 1　電気陰性度が(大きい or 小さい)原子は電子を強く引きつける。

GR 2　イオン結晶の融点の高低は(　　)力で比較しよう。

GR 3　分子間力はファンデルワールス力と(　　)結合で考えよう。

4　化学量

解答目標時間：**8** 分

問　**問1**　次の(1)〜(4)に，有効数字2桁で答えよ。ただし，アボガドロ定数は 6.0×10^{23} /mol，原子量は H = 1.0，C = 12 とする。

(1)　メタン分子1個の質量〔g〕

(2)　メタン 32 g 中に含まれる，水素原子の物質量〔mol〕

(3)　メタン 0.50 mol 中に含まれる，水素原子の質量〔g〕

(4)　ある分子1個の質量が 1.2×10^{-22} g であるときの，この分子の分子量

問2　プロパン C_3H_8 11.0 g を容器に封入し，十分量の酸素を封入してプロパンを完全に燃焼した。これに関する次の(1)，(3)〜(5)には有効数字2桁で答えよ。ただし，原子量は H = 1.0，C = 12，O = 16 とする。

(1)　容器に封入したプロパン 11.0 g の物質量は何 mol か。

(2)　プロパンの完全燃焼の化学反応式を記せ。

(3)　プロパンを完全に燃やすのに必要な酸素の体積は，標準状態で何 L か。

(4)　プロパンを完全に燃やすと，標準状態で何 L の二酸化炭素が発生するか。

(5)　プロパンを完全に燃やして生じる水の質量は何 g か。

〈北里大／大東文化大〉

★★★

合格へのゴールデンルート

GR 1　物質量の計算は(　　) mol あたりを基準として考えよう。

GR 2　完全燃焼の反応式は燃やすものの係数をまず(　　)として考える。

GR 3　反応式の係数比は(　　)比になる。

5　結晶(1)

解答目標時間：12 分

問　次の図は，金属の結晶構造を示したものである。下の問いに答えよ。ただし，原子量は Cu = 63.5，アボガドロ定数：$N_A = 6.0 \times 10^{23}$ /mol，$\sqrt{2} = 1.41$，$3.6^3 = 46.6$ とする。

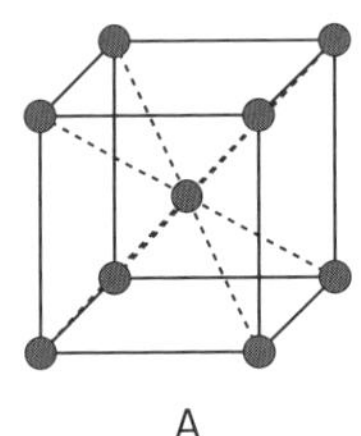
A

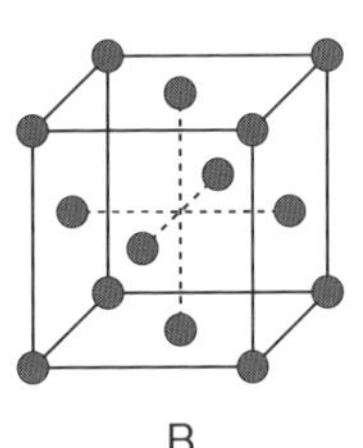
B

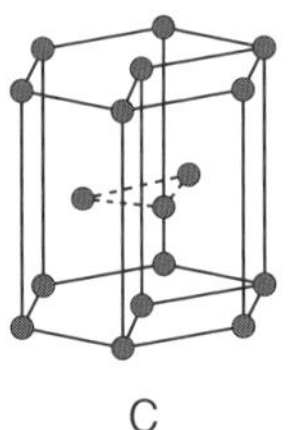
C

問 1　A，B，C で表される構造は何と呼ばれるか，それぞれの名称を記せ。

問 2　A，B の結晶構造の単位格子 1 つ当たりに含まれる原子の数をそれぞれ記せ。

問 3　銅の結晶は B の構造をとる。その単位格子の 1 辺の長さを 3.6×10^{-8} cm としたとき，銅原子の半径は何 cm になるか，有効数字 2 桁で求めよ。ただし，結晶内では最近接の原子は互いに接触しているものとする。

問 4　銅の原子 1 個当たりの質量〔g〕を求め，有効数字 2 桁で記せ。

問 5　**問 4** の結果をもとに，銅の結晶の密度〔g/cm^3〕を求め，有効数字 2 桁で記せ。

〈秋田大〉

★★★

合格へのゴールデンルート

GR❶ 単位格子に含まれる原子の数は(　　)格子で2個，(　　)格子で4個。
GR❷ 原子半径は接している原子の中心を通る断面図で考えよう。
GR❸ 密度の計算は単位格子内の原子の(　　)÷(　　)

GOLDEN ROUTE ❶

6　結晶(2)　イオン結晶

解答目標時間：12分

問　図1および図2は，それぞれ塩化ナトリウムと塩化セシウムの結晶の単位格子を示している。以下の問いに答えよ。ただし，$\sqrt{2}=1.4$，$\sqrt{3}=1.7$，原子量は Na = 23，Cl = 35.5，Cs = 133，アボガドロ定数は 6.0×10^{23} /mol とする。

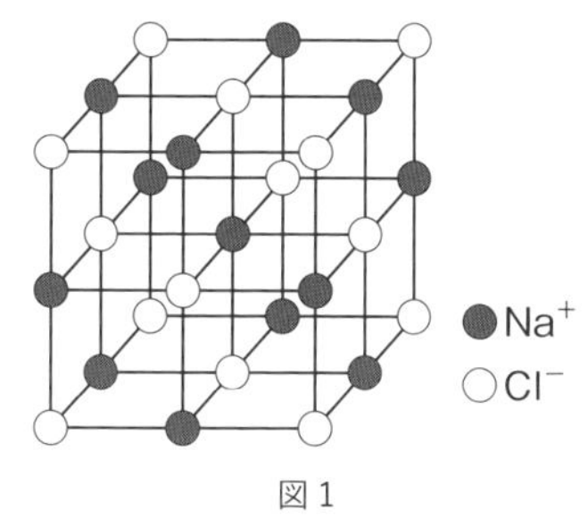

図1

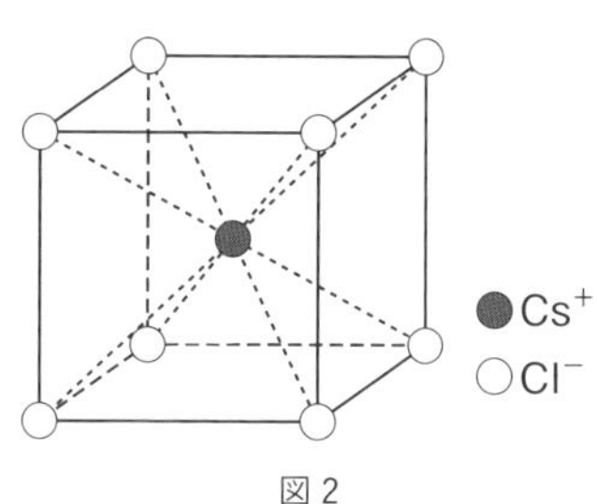

図2

問1　図1および図2において，単位格子中に含まれる陽イオンと陰イオンの数をそれぞれ答えよ。

問2　図1および図2におけるそれぞれの配位数を答えよ。

問3　ナトリウムイオン，セシウムイオン，塩化物イオンのイオン半径をそれぞれ，0.12 nm，0.18 nm，0.17 nm とする。このとき図1，図2に示した単位格子の一辺の長さ〔nm〕をそれぞれ有効数字2桁で求めよ。

問4　塩化ナトリウムと塩化セシウムの結晶の密度〔g/cm^3〕をそれぞれ有効数字2桁で求めよ。

〈宮城大〉

GOAL

★★★

合格へのゴールデンルート

GR1 NaCl型は陽イオン・陰イオンどちらかに注目すると，金属の(　　)格子と同じ配列。

GR2 単位格子の一辺の長さの計算は，(　　)イオンと(　　)イオンの接している部分に注目。

GR3 結晶の密度の計算は一辺の長さの(　　)に注意しよう。

7　熱化学(1)

解答目標時間：10 分

問　天然ガスの主成分はメタンで，燃焼によって，物質のもつ化学エネルギーを効率良く熱エネルギーに変換することができる。メタン 1 mol が完全燃焼すると 891 kJ の熱量を発生し，二酸化炭素と水(液体)になる。一方，赤熱したコークス(炭素)に水蒸気が触れると，熱を吸収して水素と一酸化炭素になる。このように，物質が化学変化する際は必ず熱の出入りが伴う。このとき発生または吸収される熱を反応熱といい，生成熱，燃焼熱，溶解熱，中和熱などに分類できる。

問1　下線部の反応を熱化学方程式で記せ。ただし，燃焼によって生じる水は液体とする。

問2　以下に示す①～③の熱化学方程式は，どの物質のどんな反応熱と考えられるか。それぞれ記せ。

①　$NaNO_3$(固) + aq = $NaNO_3$ aq − 20.5 kJ

②　C(黒鉛) + $2H_2$(気) = CH_4(気) + 74.9 kJ

③　HClaq + NaOHaq = NaClaq + H_2O(液) + 56.5 kJ

問3　水 H_2O(液体)，二酸化炭素 CO_2(気体)，アセチレン C_2H_2(気体)の生成熱は，それぞれ 286，394，−228 kJ/mol である。アセチレン(気体)の燃焼熱 Q〔kJ〕を整数で求めよ。

$$C_2H_2(気) + \frac{5}{2}O_2(気) = 2CO_2(気) + H_2O(液) + Q\,〔kJ〕$$

〈山梨大／麻布大〉

★ ★ ★

合格へのゴールデンルート

GR❶ 熱化学方程式を書くときは物質の(　　)に注意しよう。
GR❷ 反応熱の分類には，(　　)熱・(　　)熱・(　　)熱・中和熱などがある。
GR❸ 反応熱は反応物のもつエネルギーと(　　)のもつエネルギーの差。

8　熱化学(2)

解答目標時間：14 分

問　プロパン C_3H_8 の化学結合について，以下の問いに答えよ。

問1　気体のプロパン C_3H_8(気) 1 mol が空気中で完全に燃焼して二酸化炭素 CO_2(気)と水 H_2O(液)が生成すると，2148 kJ の熱が発生する。この熱化学方程式を記せ。

問2　水の蒸発熱は 44 kJ/mol である。H_2O(液)が H_2O(気)へと状態変化するときの熱化学方程式を記せ。

問3　**問1**と**問2**の熱化学方程式および以下に示す化学結合の結合エネルギー値を用いて，C_3H_8 の C−C 結合の結合エネルギーを整数値で求めよ。

結合	結合エネルギー〔kJ/mol〕
C−H	411
C=O	799
O−H	459
O=O	494

問4　次の熱化学方程式を参考にして，エチレン C_2H_4 の C=C 結合の結合エネルギー〔kJ/mol〕を整数値で求めよ。ただし，C−C 結合の結合エネルギーは**問3**で求めた値を，また，H−H 結合の結合エネルギーは 432 kJ/mol を用いよ。

$$C_2H_4(気) + H_2(気) = C_2H_6(気) + 136\,kJ$$

〈兵庫県立大〉

★★★

合格へのゴールデンルート

GR❶ 物質のもつエネルギーは固体＜(　　)＜(　　)の順。

GR❷ 結合エネルギーは(　　)を切るときに必要なエネルギー

9　酸塩基(1)

解答目標時間：10 分

問　硝酸や酢酸などは酸であり，水に溶けて電離して〔　A　〕を生じる。水酸化ナトリウムや水酸化カリウムなどは塩基であり，水に溶けて電離して〔　B　〕を生じる。

アンモニアは水に溶け，式①にしたがって〔　C　〕を生じるので塩基と考えることができる。

NH_3 ＋ H_2O ⇄ 〔　　ア　　〕　……①

気体状態では，アンモニアと塩化水素は式②にしたがって反応する。このとき，塩化水素はアンモニアに〔　D　〕を与えているので〔　E　〕と考えることができ，アンモニアは塩化水素から〔　F　〕を受け取っているので〔　G　〕と考えることができる。

NH_3 ＋ HCl ⟶ NH_4Cl　……②

水の分子は，式③にしたがってわずかに電離している。

$H_2O \rightleftarrows H^+ + OH^-$　……③

純粋な水の H^+ と OH^- の濃度は等しく，それぞれのモル濃度を$[H^+]$，$[OH^-]$で表すと式④となる。

$[H^+]$ ＝ $[OH^-]$ ＝〔　　イ　　〕〔mol/L〕（25℃）　……④

問1　文中の空欄〔　A　〕～〔　G　〕に当てはまる語句あるいは化学式を記せ。ただし，同じ語句あるいは化学式を繰り返し用いてもよい。

問2　〔　ア　〕に式①の右辺を記入せよ。

問3　〔　イ　〕に当てはまる数値を有効数字 2 桁で記せ。

問4　以下の各反応において，下線をつけた物質は酸，塩基のどちらのはたらきをしているかをそれぞれ記せ。

(1) $\underline{CH_3COO^-}$ + $H_2O \rightleftarrows CH_3COOH$ + OH^-

(2) $\underline{NH_4^+}$ + $H_2O \rightleftarrows NH_3$ + H_3O^+

問5 次の塩の水溶液は，酸性，中性，塩基性のいずれを示すかそれぞれ記せ。

(1) $NaHCO_3$ (2) NH_4NO_3 (3) NaCl

(4) $NaHSO_4$

問6 濃度不明の希硫酸(水溶液A)が10.0 mLある。これに純水を加えて50.0 mLとした(水溶液B)。この水溶液B 20.0 mLを，0.10 mol/Lの水酸化ナトリウム水溶液で中和滴定すると，40.0 mLを要した。水溶液Aの濃度は何mol/Lか。有効数字2桁で求めよ。

〈信州大〉

★ ★ ★

合格へのゴールデンルート

GR1 酸・塩基のはたらきは(　　)のやりとりに注目しよう。

GR2 塩の水溶液が何性を示すかは(　　)で考えよう。

GR3 中和反応の量的関係は酸，塩基の(　　)に注意しよう。

GOLDEN ROUTE 1

10 酸塩基(2)

解答目標時間：10分

問 中和滴定の実験1～3を行った。

実験1 0.10 mol/Lの水酸化ナトリウム水溶液を，0.10 mol/Lの塩酸で中和滴定した。

実験2 0.10 mol/Lの酢酸水溶液を，0.10 mol/Lの水酸化ナトリウム水溶液で中和滴定した。

実験3 0.10 mol/Lのアンモニア水を，0.10 mol/Lの塩酸で中和滴定した。

問1 0.10 mol/Lの塩酸は，質量パーセント濃度が36%の濃塩酸(密度1.2 g/cm^3)を用いてつくられた。これについて，(1)，(2)に答えよ。ただし，原子量はH = 1.0，Cl = 35.5とする。

(1) この濃塩酸のモル濃度を求め，有効数字2桁で記せ。

(2) 0.10 mol/Lの塩酸を500 mLつくるのに必要な濃塩酸の体積〔mL〕を

求め，有効数字 2 桁で記せ。

問 2　実験 1～3 の結果として得られる滴定曲線について，適切なものを次の A～F より選び，それぞれ記号で記せ。

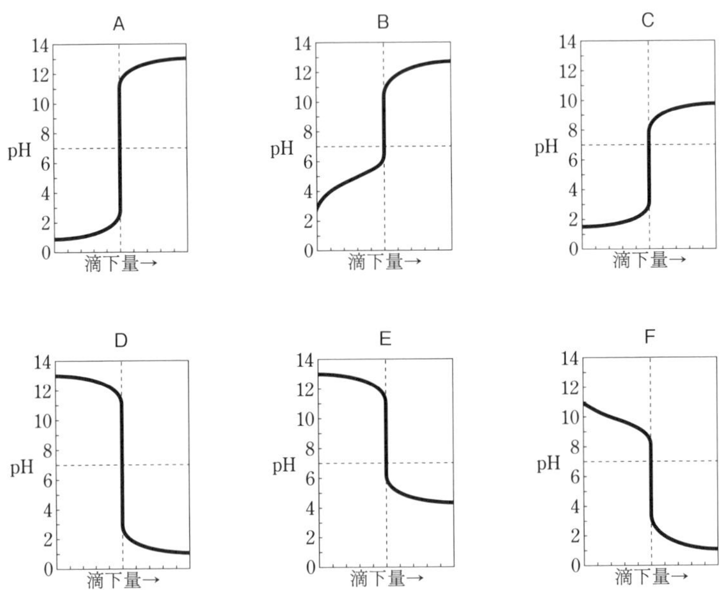

問 3　実験 1～3 のそれぞれで用いる指示薬について，適切な記述を次の㋐～㋓より選び，記号で記せ。

㋐　メチルオレンジは使用できるが，フェノールフタレインは適さない。

㋑　メチルオレンジは適さないが，フェノールフタレインは使用できる。

㋒　メチルオレンジとフェノールフタレインのどちらも使用できる。

㋓　メチルオレンジとフェノールフタレインのどちらも適さない。

〈岡山大〉

★ ★ ★

合格へのゴールデンルート

GR❶　濃度計算のときの密度は(　　)あたりの質量。

GR❷　滴定曲線を選ぶときは用いた酸・塩基の(　　)と中和点の水溶液に注意。

GR❸　指示薬の選び方は(　　)の水溶液から考えてみよう。

11　酸化還元(1)

解答目標時間：12 分

問　過酸化水素は，酸化剤としてはたらく場合と還元剤としてはたらく場合がある。例えば，硫酸酸性の過酸化水素の水溶液に，ヨウ化カリウムの水溶液を加えたときには，(a)<u>過酸化水素が酸化剤としてはたらいて水が生じ</u>，(b)<u>ヨウ化カリウムが還元剤としてはたらき，ヨウ素を生じて</u>褐色の溶液になる。

一方，過酸化水素は，硫酸酸性の過マンガン酸カリウムのような酸化剤と反応する場合，還元剤として作用する。この条件では，過マンガン酸カリウムは，過酸化水素を酸化して酸素を発生する。このとき，MnO_4^-の赤紫色が消え，溶液はほぼ無色になる。

問1　次の(1)～(6)の下線を付した原子の酸化数をそれぞれ記せ。

(1)　$\underline{O}_2$　(2)　$H_2\underline{O}$　(3)　$H_2\underline{O}_2$　(4)　$H_2\underline{S}O_4$

(5)　$\underline{Mn}O_4^-$　(6)　$\underline{Mn}^{2+}$

問2　下線部(a)，(b)で起こる反応をそれぞれ電子e^-を含むイオン反応式で記せ。

問3　硫酸酸性の過酸化水素水とヨウ化カリウム水溶液の反応をイオン反応式で記せ。

問4　硫酸酸性の過マンガン酸カリウム水溶液と過酸化水素水の反応を化学反応式で記せ。

〈摂南大〉

★ ★ ★

合格へのゴールデンルート

GR 1　酸化数を求めるときは求めたい原子の(　　)をxとおこう。

GR 2　酸化剤と還元剤の電子を含むイオン反応式は反応物が何に変化するかを考えよう。

GR 3　酸化還元反応のイオン反応式では，(　　)は残さない。

GOAL

12　酸化還元(2)

解答目標時間：14 分

問　コニカルビーカーに 5.00×10^{-2} mol/L シュウ酸水溶液 10.0 mL を正確にとり，純水約 20 mL と希硫酸 5 mL を加えた。この溶液を約 70℃に温めたのち，未知濃度の過マンガン酸カリウム水溶液で滴定したところ，13.4 mL 加えたところで終点に達した。

問 1　シュウ酸と過マンガン酸カリウムの反応を化学反応式で記せ。

問 2　この滴定では終点の検出のために指示薬を用いる必要がない。滴定終点の検出方法を簡潔に説明せよ。

問 3　滴定に用いた過マンガン酸カリウム水溶液の濃度〔mol/L〕を求め，有効数字 2 桁で答えよ。

問 4　この実験において硫酸のかわりに塩酸を用いると正しい結果が得られない。この理由として適切なものを①～⑤から 1 つ選び，番号で答えよ。

① 溶液が着色して滴定終点の判定が困難になるため
② 反応の進行とともに沈殿が生じるため
③ 塩化物イオンがシュウ酸と反応するため
④ 塩化物イオンが過マンガン酸イオンと反応するため
⑤ 塩化物イオンがカリウムイオンと反応するため

〈大阪薬科大〉

★ ★ ★

合格へのゴールデンルート

GR 1　過マンガン酸カリウムの滴定の終点では $KMnO_4$ が(残らない or わずかに残る)。

GR 2　酸化還元反応の量的関係は(　　)に着目しよう。

GR 3　過マンガン酸塩滴定では(　　)性にするために硫酸を用いる。

13　金属のイオン化傾向

解答目標時間：15 分

問　単体の金属原子が，水または水溶液中で電子を放出して陽イオンになる性質を金属のイオン化傾向という。次に示すように，金属をイオン化傾向の大きなものから順に並べた列を，金属のイオン化列という。

Li ＞ K ＞ Ca ＞ Na ＞ Mg ＞ Al ＞ Zn ＞ Fe ＞ Ni ＞ Sn ＞ Pb ＞(H_2)＞ Cu ＞ Hg ＞ Ag ＞ Pt ＞ Au

イオン化傾向の大きなLi，K，Ca，Naは，常温でも水と反応して水酸化物になり，水素を発生する。(a)Mg は沸騰水(熱水)と，Al，Zn，Fe は高温の水蒸気と反応して，水素を発生する。

一般に，(b)イオン化傾向が水素より大きな金属は，希硫酸や希塩酸と反応し，水素を発生する。(c)Cu，Hg，Ag などは，硝酸や加熱した濃硫酸(熱濃硫酸)のような酸化作用の強い酸と反応して溶け，水素以外の気体を発生する。(d)Pt や Au は，硝酸や熱濃硫酸とは反応しないが，王水には酸化されて溶ける。

問 1　下線部(a)について，Mg と沸騰水および Fe と高温の水蒸気との反応を，それぞれ化学反応式で答えよ。ただし，反応後は $Mg(OH)_2$，Fe_3O_4 となるものとする。

問 2　下線部(a)の Fe は，湿った空気中で酸化され，赤さびを生じる。Fe の腐食を防ぐため，Fe の表面を別の金属で覆う方法(めっき)がある。鋼板(Fe)の表面にめっきを施したものにトタンやブリキがある。トタンとブリキに使われている金属を金属のイオン化列から選び，それぞれ元素記号で答えよ。

問 3　下線部(b)の金属のうち，希硫酸や希塩酸に溶けにくい金属を元素記号で答えよ。

問 4　下線部(c)について，Cu と希硝酸および濃硝酸との反応をそれぞれ化学反応式で答えよ。

問 5　下線部(c)について，Cu と熱濃硫酸との反応を化学反応式で答えよ。

問 6　下線部(d)の金属のほかに，濃硝酸に溶けにくい金属を金属のイオン化列から 3 つ選び，元素記号で答えよ。

〈金沢大〉

★★★

合格へのゴールデンルート

GR❶ 金属単体と水の反応では(　　)に注目しよう。
GR❷ 金属単体と酸の反応では(　　)で比較しよう。
GR❸ 濃硝酸で不動態を形成する金属は(　　　)。

14　電池(1)

解答目標時間：12 分

CHAPTER 1　理論化学

問　イオン化傾向を利用すると電池を作ることができる。右図のように，銅板と亜鉛板を用いてダニエル電池を作り，この電池を使って 4.0 A の電流を 6 分 26 秒間流し続けた場合，亜鉛板の質量は(　ア　)し，その変化した物質量は(　イ　) mol であった。

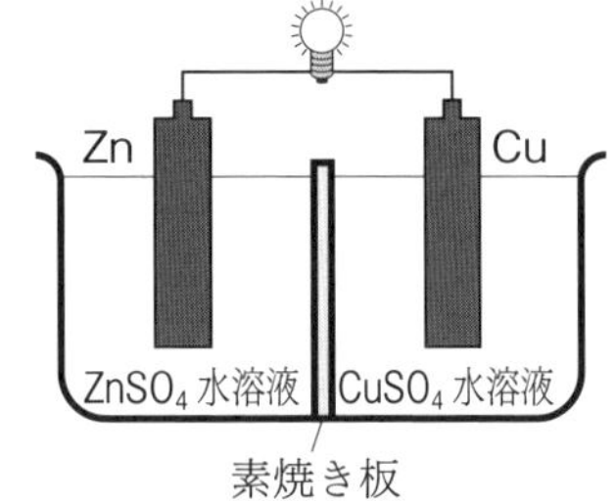

問1　ダニエル電池の両極付近で起こる反応を電子 e^- を含むイオン反応式でそれぞれ記せ。

問2　(　ア　)に入る語句を番号で答えよ。

①　増加　　②　減少

問3　ダニエル電池を次の(1)，(2)のように変えて，起電力を測定した。

(1)　銅板を次の金属板①～③に変えたとき，このとき，起電力が最も大きくなるものを番号で答えよ。

①　Ni　　②　Sn　　③　Ag

(2)　電解液に用いた $ZnSO_4$ 水溶液と $CuSO_4$ 水溶液をはじめの濃度から変えたとき，起電力が最も大きくなるものを番号で答えよ。

	$ZnSO_4$ 水溶液	$CuSO_4$ 水溶液
①	濃くする	濃くする
②	濃くする	薄くする
③	薄くする	濃くする
④	薄くする	薄くする

問4　(　イ　)に入る物質量〔mol〕を有効数字2桁で答えよ。ただし，ファラデー定数を 9.65×10^4 C/mol とする。

〈神戸女学院大・改〉

★★★

合格へのゴールデンルート

GR 1　ダニエル電池ではイオン化傾向の大きい極板が(　　)極になる。
GR 2　ダニエル型電池はイオン化傾向の(　　)と電解液の(　　)で起電力は変化する。
GR 3　電気量〔クーロン〕は(　　)×(　　)で求められる。

15　電池(2)　鉛蓄電池，燃料電池　　解答目標時間：15 分

問 I　鉛蓄電池に関する文章を読み，下の問いに答えよ。

負極に Pb，正極に PbO_2，希硫酸を電解液として用いた電池を，鉛蓄電池という。負極，正極の放電時の化学反応は，それぞれ次のように表される。

(負極)　$Pb + SO_4^{2-} \longrightarrow PbSO_4 + 2e^-$　……(1)

(正極)　$PbO_2 + 4H^+ + SO_4^{2-} + 2e^- \longrightarrow PbSO_4 + 2H_2O$　……(2)

このとき，負極は(　ア　)され，正極は(　イ　)される。両極とも，表面に水に溶けにくい(　ウ　)色の $PbSO_4$ が生成する。放電した鉛蓄電池の負極と正極に，外部電源の負極と正極を接続して充電すると，式(1)，(2)の逆向きの反応が生じ，起電力が回復する。このように，充電によりくり返し使用できる電池のことを，(　エ　)電池という。

問1　式(1)，(2)を参考にして，鉛蓄電池の放電時における全体の反応を化学反応式で記せ。

問2　(　ア　)～(　エ　)に当てはまる語をそれぞれ記せ。

問3　鉛蓄電池を用いて 1.00 A の直流電流で2時間40分50秒放電した。それぞれの電極の質量変化〔g〕を有効数字2桁で答えよ。ただし，ファラデー定数を 9.65×10^4 C/mol，原子量を Pb = 207，O = 16，S = 32 とし，放電反応の効率は 100% とする。

II　燃料電池に関する次の文章を読み，下の問いに答えよ。

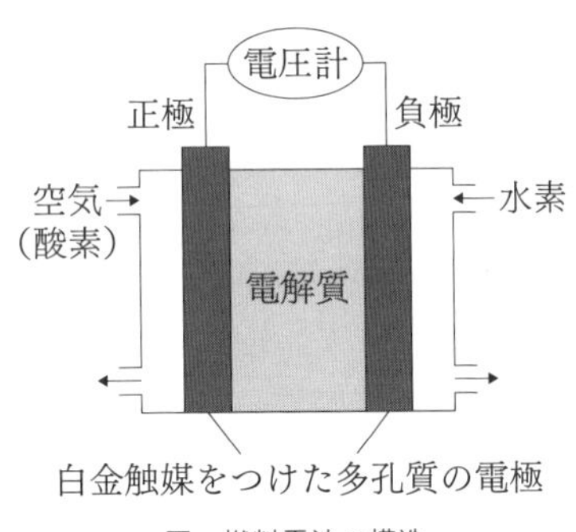

図　燃料電池の構造

水素のような燃料と酸素のような酸化剤を外部から供給し，燃焼による熱エネルギーを得る代わりに電気エネルギーを取り出す装置を燃料電池という。図に示した燃料電池では，水素を負極に，酸素を含む空気を正極に供給し，電解液として高濃度のリン酸水溶液を満たした構造をしている。正極と負極には，いずれも白金触媒をつけた多孔質の電極を使用している。この燃料電池に電圧計をつないだところ，両極間の電圧(起電力)は 1.20 V を示した。

問1　図に示した燃料電池の正極および負極で生じる反応を，電子 e^- を含むイオン反応式で記せ。

問2　図の燃料電池で 1.00 mol の水素から得られる電気エネルギーは何 kJ か。有効数字 3 桁で求めよ。ただし，反応に必要な空気は十分に供給されているものとし 1 V の起電力で 1 C の電気量を取り出したときのエネルギーは 1 J である。

問3　水素の燃焼熱は 286 kJ/mol である。**問2** で得られた電気エネルギーは水素の燃焼熱の何％か。有効数字 2 桁で求めよ。

〈神戸女学院大／秋田県立大〉

合格へのゴールデンルート

GR 1　鉛蓄電池では両極板に生じた(　　)が極板に付着することに注意する。

GR 2　燃料電池の全体の反応式は(　　)の燃焼反応となる。

GR 3　燃料電池の変換効率の計算は，得られた電気エネルギー÷(　　)×100 で求められる。

16 電気分解

解答目標時間：12 分

問 電気分解に関する次の文章を読み，以下の問いに答えよ。ただし，電気分解によって発生した気体は水に溶けないものとする。また，流れた電流はすべて電気分解に使われ，電気分解前後での電解質の水溶液の体積変化は無視できるものとする。

電気分解では，外部から加えた電気エネルギーによって化学反応が起こる。電解質の水溶液に2本の電極を入れ，外部から直流電圧をかけると電流が流れ，陰極では［ A ］反応が起こる。一方，陽極では［ B ］反応が起こる。もし，［ ア ］の小さい金属の陽イオンが陰極付近に存在すると，その金属イオンは電子を受け取り電極に金属として析出する。しかし，［ ア ］の大きい金属の陽イオンしか陰極付近に存在しない場合，電極に金属は析出せず，水素が発生する。

塩化銅(Ⅱ)水溶液に，2本の炭素棒を電極として入れて電気分解を行うと，陰極では金属が析出し，(a)<u>陽極では気体が発生する</u>。このとき，電極で変化したイオンの［ イ ］と流れた［ ウ ］とは比例する。このような電解質の水溶液の電気分解における量的な関係を，ファラデーの電気分解の法則という。

問1 文中の［ A ］，［ B ］には，「酸化」または「還元」が入る。それぞれ適切な語句を答えよ。

問2 文中の［ ア ］～［ ウ ］に当てはまる最も適切な語句を，次の(あ)～(か)の中から選び，記号で答えよ。

(あ) 電気陰性度　(い) イオン化傾向　(う) 電流
(え) 電気量　(お) 熱量　(か) 物質量

問3 下線部(a)について，0.300 mol/L の塩化銅(Ⅱ)水溶液 100 mL に炭素棒を電極として入れ，1.00 A の一定電流で 80 分 25 秒間電気分解したところ，陽極で気体が発生した。陽極で発生した気体の標準状態での体積〔L〕を有効数字2桁で答えよ。ただし，ファラデー定数は 9.65×10^4 C/mol，気体 1 mol の体積は標準状態で 22.4 L とする。

問4 (1)～(3)の電解質の水溶液に2本の電極を入れ，電気分解を行ったときに，陰極，陽極で起こる反応をそれぞれ電子 e^- を含むイオン反応式でそれぞれ記せ。

表　電解質の水溶液と電極の組み合わせ

	電解質の水溶液	陰極	陽極
(1)	0.1 mol/L　硫酸	白金	白金
(2)	0.1 mol/L　塩化ナトリウム水溶液	炭素	炭素
(3)	0.1 mol/L　硫酸銅(Ⅱ)水溶液	銅	銅

〈大阪府立大〉

★★★

合格へのゴールデンルート

GR❶ 電子が出る電極が(　　)極，電子が入る電極が(　　)極。

GR❷ 陰極は(酸化 or 還元)反応，陽極は(酸化 or 還元)反応が起きる。

GR❸ 電気分解装置を流れた電気量は(　　)×(　　)。

17　気体(1)

解答目標時間：15 分

問　次の文章を読み，下の問いに答えよ。
ただし，気体定数は，8.3×10^3 Pa・L/(K・mol)とする。

　ボイルの法則とシャルルの法則を組み合わせたボイル・シャルルの法則は，「一定物質量の気体の体積は，圧力に［ア］し，絶対温度に［イ］する」と定義される。ボイル・シャルルの法則や気体の［ウ］方程式に厳密にしたがう気体を理想気体という。

問1　［ア］～［ウ］に当てはまる適切な語句を答えよ。

問2　図1～図3に関する以下の(1)～(3)に答えよ。ただし，図1および図2では，物質量は一定とする。

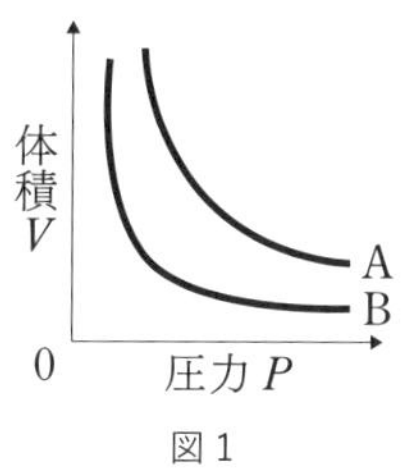

図 1

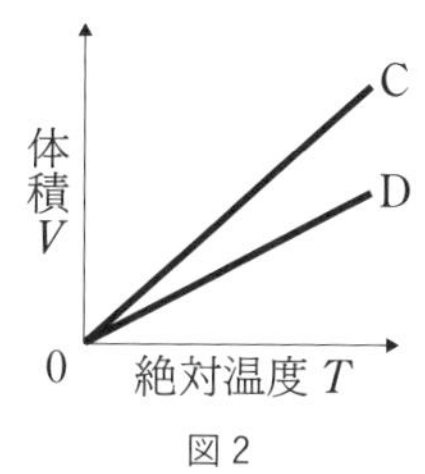

図 2

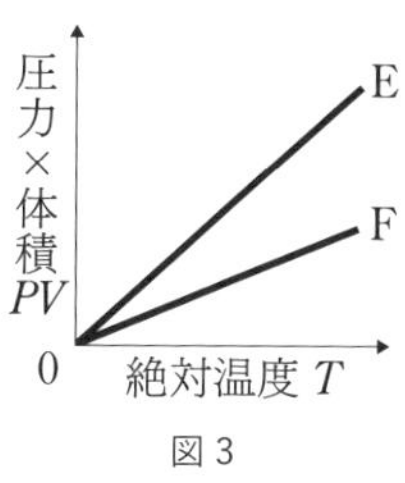

図 3

⑴ 図１において，A，Bのうち高温条件を示した曲線はどちらか。

⑵ 図２において，C，Dのうち高圧条件を示した直線はどちら。

⑶ 図３において，E，Fのうち物質量が大きい条件を示した直線はどちらか。

問3 以下の⑴〜⑶に答えよ。ただし，数値は有効数字2桁で求めよ。

⑴ 8.3 Lの容器にCO_2を封入し，温度を27℃に保った。このとき，圧力は3.0×10^5 Paであった。封入したCO_2の物質量は何molか。

⑵ 温度一定で体積可変の密閉容器にH_2を封入したところ，圧力は2.0×10^5 Pa，体積は3.0 Lであった。この容器の体積を4.5 Lのしたとき，圧力は何Paとなるか。

⑶ 体積4.0 Lの密閉容器にO_2を封入したところ300 Kで圧力は1.0×10^5 Paを示した。この容器内の気体の圧力を1.5×10^5 Paとするには，温度を何℃にすればよいか。

〈岐阜大〉

合格へのゴールデンルート

GR❶ 気体の法則は理想気体の(　　)を書いて，変化の前後で一定となっている条件をチェックしよう。

GR❷ グラフは縦軸と横軸以外で条件が変化したものをチェックしよう。

18 気体(2)

解答目標時間：12 分

問 次の文を読み，下の問いに答えよ。ただし，原子量は C ＝ 12，N ＝ 14，O ＝ 16とする。

図に示すように，体積 0.50 L の容器 A と，ピストンの付いた体積可変の容器 B がコック C で連結されている。コック C を閉じた状態で容器 A には二酸化炭素 1.5×10^5 Pa，容器 B には窒素 3.0×10^4 Pa になるように入れた。最初の容器 B の体積は，1.0 L であった。

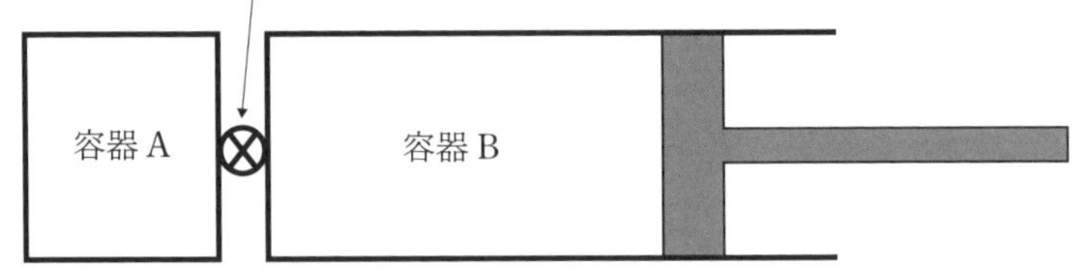

問1 温度 27℃で，コック C を開き，2 つの気体を充分混合した。混合気体の全圧と窒素の分圧はそれぞれ何 Pa となるか。また，混合気体の平均分子量を，それぞれ有効数字 2 桁で答えよ。ただし，ピストンの位置は変化しないものとする。

問2 続いてピストンの位置を変えずに，温度を 50℃に上げた。混合気体の全圧は何 Pa になるか，有効数字 2 桁で答えよ。

問3 次に温度を 27℃に下げて，ピストンを押し込み，B の気体をすべて容器 A の中に入れた。混合気体の圧力は何 Pa となるか，有効数字 2 桁で答えよ。

〈九州工業大〉

＊＊＊

合格へのゴールデンルート

GR 1 コックを開けると気体は均一になるように(拡散 or 集合)する。

GR 2 平均分子量は，(成分気体の分子量×(　　))の和。

19　気体(3)　物質の三態

解答目標時間：15分

問 Ⅰ　次の文を読み，下の問いに答えよ。

次に示す図(i)と(ii)は，水または二酸化炭素の状態図である。状態図とは，ある物質が温度と圧力に応じて気体，液体，固体のいずれの状態をとるかを示したものである。(a)3本の曲線(あ)～(う)のうち，(い)は［ A ］曲線，(う)は［ B ］曲線という。3本の曲線で分けられた領域X，Y，Zのうち，Xは［ C ］体の状態で存在する。同様に，Yは［ D ］体，Zは［ E ］体の状態で存在する。線が途切れた点(ア)を［ F ］といい，それ以上の温度，圧力を表す領域Wでは，物質は［ D ］体と［ E ］体の中間的な性質をもつ。Xの状態からYの状態に変わることを［ G ］，XからZになることを［ A ］，ZからXになることを［ H ］，ZからYになることを［ I ］，YからZになることを［ J ］という。

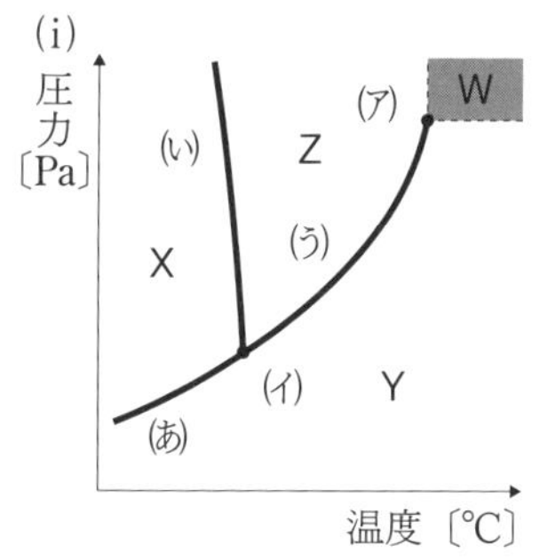

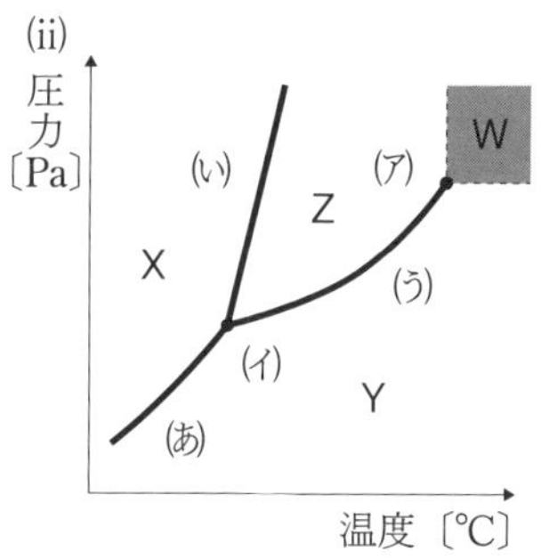

問1　［ A ］～［ J ］にあてはまる適切な語句を答えよ。

問2　水，二酸化炭素の状態図として適切なものは，それぞれ(i)，(ii)のいずれか。

問3　下線部(a)について，3本の曲線が交わった点(イ)を何というか。

問4　領域Wの状態の物質を何というか。

Ⅱ　次の文を読み，下の問いに答えよ。ただし，27℃における水の蒸気圧は 3.6×10^3 Pa とする。

図のように，容積 1.0 L の容器 A に 3.0×10^4 Pa のメタンを入れ，容積 2.0 L の容器 B に 6.0×10^4 Pa の酸素を入れて連結させた。27℃に保ったまま，コックを開けて気体を混合させた。

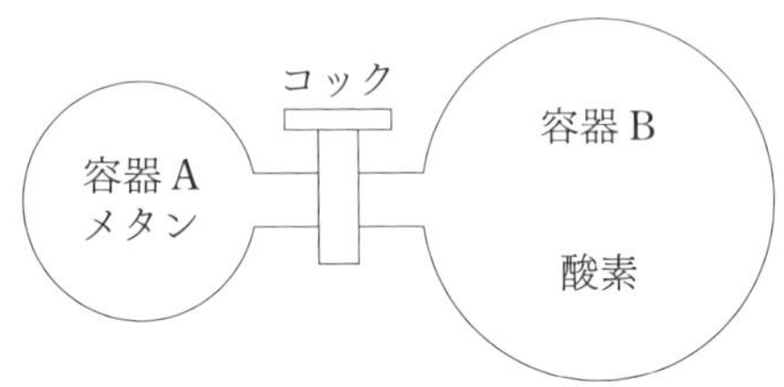

問 1　コックを開けた後のメタンの分圧 P_M〔Pa〕，酸素の分圧 P_O〔Pa〕，および混合気体の全圧 P〔Pa〕を有効数字 2 桁で答えよ。

問 2　混合気体に点火し，完全に反応させた後，27℃に戻した。反応後の容器内の全圧(Pa)を有効数字 2 桁で答えよ。ただし，生成した水の体積を無視する。

〈金沢大／愛媛大〉

★★★

合格へのゴールデンルート

GR 1 状態図は固体・液体・(　　)の境界を表す。
GR 2 「気体だけ」か「気液平衡」かは，(　　)で判断。

CHAPTER 1　理論化学

20　溶液(1)　沸点上昇

解答目標時間：12 分

問　次の文を読み，下の問いに答えよ。ただし，水のモル沸点上昇は K_b = 0.520 K･kg/mol，また水の沸点は 100.00℃とする。

海水で濡れた衣服が真水で濡れた衣服より乾きにくいのは，海水の蒸気圧が真水の蒸気圧に比べて［ 1 ］なっているからである。一般に，ある溶媒に不揮発性物質を溶かした溶液の蒸気圧は，もとの溶媒の蒸気圧よりも［ 1 ］なる。この現象を［ 2 ］という。

沸点は蒸気圧が[　3　]に等しいときの温度であり，不揮発性物質の溶液の沸点は，溶媒の沸点よりも高くなる。このような現象を沸点上昇といい，溶媒の沸点と溶液の沸点との差を沸点上昇度という。溶質が不揮発性の非電解質である希薄溶液の沸点上昇度は，[　4　]に比例する。このときの比例定数は，1 mol/kg の非電解質溶液の沸点上昇度に相当し，モル沸点上昇と呼ばれ，溶媒に固有の値である。

問1　[　1　]～[　4　]に最も適する語句をそれぞれa～hから一つずつ選べ。

a. 質量モル濃度　b. 蒸気圧降下　c. 蒸気圧上昇
d. 浸透圧　e. 大気圧　f. 質量パーセント濃度
g. 高く　h. 低く

問2　水 0.500 kg に 4.50 g のグルコース(分子量 180)を溶かした水溶液の沸点上昇度は何 K か。数値は小数第 3 位まで答えよ。

問3　水 1.00 kg にある質量の塩化マグネシウム(式量 95)を溶かした水溶液の沸点は，100.078℃であった。溶かした塩化マグネシウムの質量は何 g か。有効数字 3 桁で答えよ。ただし，塩化マグネシウムは水溶液中で完全に電離しているものとする。

問4　次の水の蒸気圧と温度との関係を示す①～⑥の図のうち，水の蒸気圧曲線を破線，塩化ナトリウム水溶液の蒸気圧曲線を実線で示しているものとして適当なものを 1 つ選び，番号で答えよ。

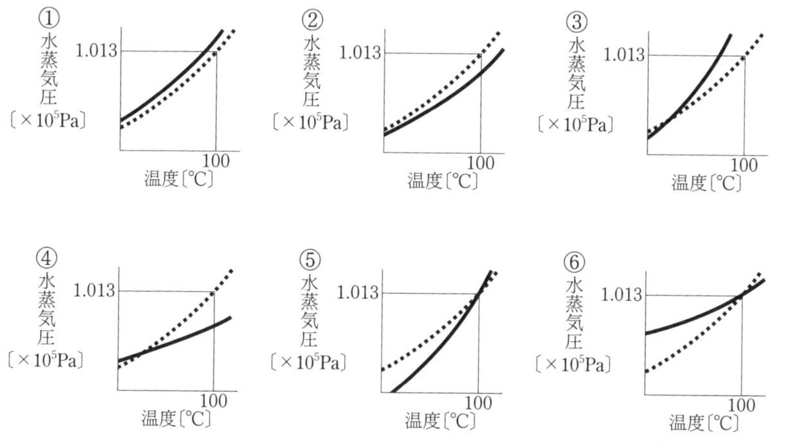

〈摂南大，秋田大〉

GOLDEN ROUTE 1

GOAL

★★★

合格へのゴールデンルート

GR❶ 沸点上昇度 Δt =(　　)×(　　)。
GR❷ 溶液の蒸気圧は常に純溶媒の蒸気圧より(　　)。

21 溶液(2) 凝固点降下

解答目標時間：10分

問

液体を冷却していくと，温度が凝固点以下になっても液体の状態を保ったまま，すぐに凝固しない場合がある。この不安定な状態を［ア］状態という。［ア］の状態で凝固が始まると，液体の温度は一時的に上昇する。

希薄溶液を冷却していくと，溶液中の溶媒の凝固点は，純溶媒の凝固点より低くなる。この現象を，溶液の［イ］といい，純溶媒と溶液との凝固点の差を［ウ］という。

CHAPTER 1

理論化学

問1 ［ア］～［ウ］にあてはまる適切な語句を記せ。

問2 次の(1)～(3)の溶液について，凝固点の高い順に等号または不等号を用いて，例のように答えよ。例：(1) > (2) > (3) = (4)

(1) 水 100 g に塩化ナトリウム $NaCl$ を 0.010 mol 溶かした溶液

(2) 水 200 g に尿素 $(NH_2)_2CO$ を 0.018 mol 溶かした溶液

(3) 純粋な水 800 g

問3 ある希薄水溶液をゆっくり冷却すると，時間 a において純粋な水の凝固点よりも低い温度 T で凝固が始まった。そのまま冷却を続けたところ，時間 c では水溶液はちょうどすべて凝固した。この希薄水溶液の冷却曲線はどのようになるか。次の冷却曲線 A～F のうち適切なものを選び，記号で答えよ。

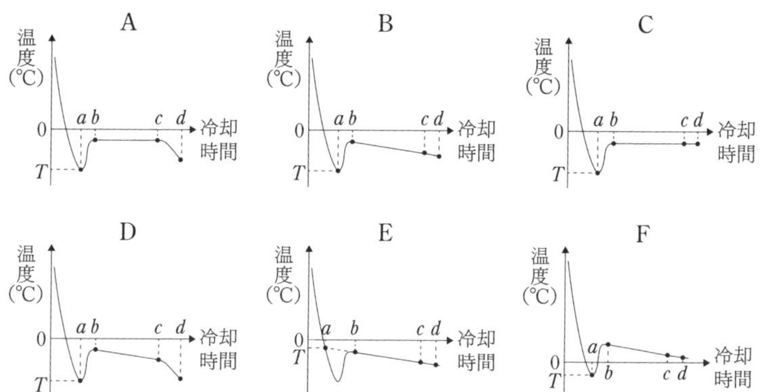

問4　問3で選択した冷却曲線において，時間 b から c までの温度の時間依存性を示す理由を40字以内で説明せよ。

問5　水100gにグルコース $C_6H_{12}O_6$ を0.010mol溶かした溶液の凝固点は－0.185℃であった。この溶液に，さらに0.010molのスクロースを加えて完全に溶かした溶液の凝固点は何℃か。小数第2位まで求めよ。

〈千葉大〉

★★★

合格へのゴールデンルート

GR1　溶液の濃度が高くなると，凝固点は(高く or 低く)なる。
GR2　溶液ではまず(溶媒 or 溶質)が凝固する。

22　浸透圧

解答目標時間：15分

問 I　下の問いに答えよ。ただし，気体定数は 8.3×10^3 Pa･L/(K･mol)とする。また，温度は27℃とする。

問1　希薄溶液の浸透圧 π〔Pa〕は，溶液中の溶質粒子のモル濃度 C〔mol/L〕と絶対温度 T〔K〕に比例し，溶媒や溶質の種類によらない。この法則を，提唱者の名前にちなんで何と呼ぶか。

問2　次の水溶液A，Bの浸透圧をそれぞれ有効数字2桁で求めよ。ただし，電解質は水溶液中で完全に電離するものとする。

0.15 g の尿素$(NH_2)_2CO$(分子量 60)を溶かした水溶液 A 100 mL

0.050 mol の NaCl を溶かした水溶液 B 200 mL

II　次の文章を読んで，下の問いに答えよ。数値は，すべて有効数字 2 桁で答えよ。

ある純溶媒，分子量 120 の不揮発性物質 X，および中央を半透膜で仕切った左右対称な U 字型の容器(U 字管)を用いて，以下に示す実験を行った。物質 X は，用いた溶媒中において電離度 α で Y^+ と Z^- に電離する。なお，溶液中では，これらのイオンも溶質粒子としてはたらく。

実験温度 T〔K〕は一定で，気体定数 R〔Pa・L/(mol・K)〕との積を $RT = 2.5 \times 10^6$ Pa・L/mol とする。実験時の大気圧は 1.0×10^5 Pa で，空気は理想気体とする。空気は溶媒に溶解せず，溶媒は蒸発しないものとする。U 字管の内径の断面積は 1.0 cm^2 で一定であり，かつ，高さ 1000 cm の溶液の液柱が底面に及ぼす液柱による圧力は，溶液の濃度に関わらず 1.0×10^5 Pa とする。

実験

15 mg の物質 X を純溶媒に溶解し，全体積が 500 mL となるように溶液を調製した。その溶液のうち，20 mL を U 字管の右側に入れた。一方，U 字管の左側には，純溶媒を 20 mL 入れた(図 1 (a))。その後，十分な時間放置すると右側の液面が上昇し，左右の液面の高さの差が 10 cm で一定となった(図 1 (b))。以降，U 字管の右側の溶液を溶液 1 と呼ぶ。

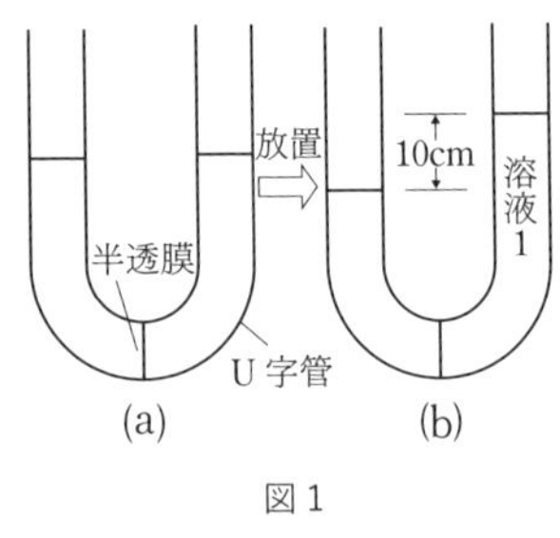

図 1

問 3　図 1 (b)の状態にある溶液 1 の浸透圧は何 Pa となるか答えよ。

問 4　溶液 1 中の全溶質粒子のモル濃度 C_1 を，溶液 1 中に存在する物質 X の電離前のモル濃度 C_X と，物質 X の電離度 α を用いて表せ。

問 5　図 1 (b)の状態にある溶液 1 中の物質 X の電離度 α を求めよ。

〈神戸大〉

★★★

合格へのゴールデンルート

GR❶ 浸透圧は(　　)と絶対温度に比例する。

GR❷ 管の断面積がわかっているときは，液面が変化すると(　　)が変化する。

23 反応速度

解答目標時間：10 分

問 化学反応は一定以上のエネルギーをもつ分子どうしが衝突し，反応の途中にエネルギーの高い中間状態である[1]をへて進行する。

図 1 は反応のエネルギー変化を表したものである。触媒なしの場合，HIを生成する反応(正反応)の活性化エネルギーは[A]kJ，反応熱は[B]kJ である。また逆反応の活性化エネルギーは[C]kJ である。触媒を用いた場合，HIを生成する反応の活性化エネルギーは[D]kJ，反応熱は[E]kJ となる。

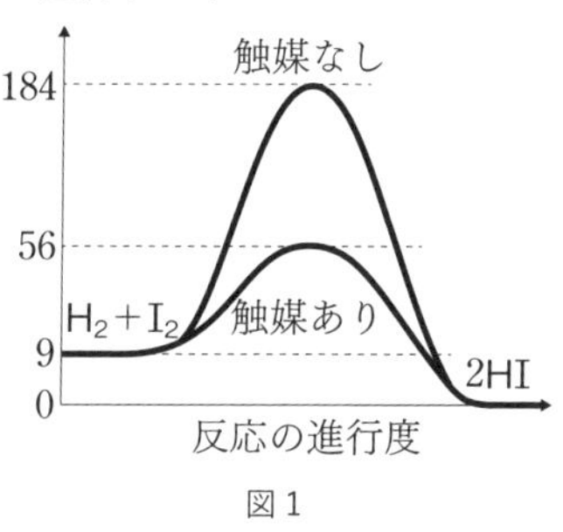

図 1

問 1 空欄[1]に当てはまる語，[A]～[E]に入る適切な数値を記せ。

問 2 1 L の密閉容器に水素とヨウ素をそれぞれ 1.00 mol ずつ入れ，高温で一定の温度に保つと，次式のような反応が起こり，ヨウ化水素が生成した。

$H_2 + I_2 \longrightarrow 2HI$

反応の開始直後に H_2 と I_2 のモル濃度が時間とともに変化する様子を見た。H_2 と I_2 のモル濃度は 2 分後に 0.74 mol/L，また 5 分後に 0.50 mol/L であった。以下の問いに有効数字 2 桁で答えよ。

(i) 反応開始後 2～5 分間の水素の平均の減少速度〔mol/(L･min)〕を記せ。

(ii) 反応開始後 2～5 分間のヨウ化水素の平均の生成速度〔mol/(L･min)〕を記せ。

問3　次の文章で正しいものに○を，誤っているものに×を記せ。

(ア)　温度が一定のとき，反応速度は反応物の濃度によらず，一定の値を示す。

(イ)　反応熱が大きいほど，反応速度は大きくなる。

(ウ)　活性化エネルギーが小さいほど，反応速度は大きくなる。

(エ)　触媒は反応速度を変化させるが，反応の前後で触媒は変化しない。

問4　高温にすると，反応速度が大きくなる。これは気体分子どうしがぶつかる衝突の回数の上昇だけでは説明できない。気体分子のエネルギー分布を表した図2を参考にして，高温で反応速度が上昇する理由を40字以内で記せ。

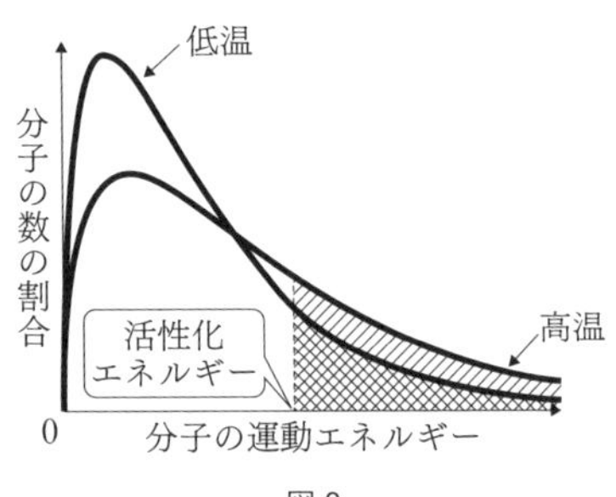

図2

〈京都産業大・改〉

合格へのゴールデンルート

GR❶　活性化エネルギー以上のエネルギーをもつ分子は反応(できる or できない)。

GR❷　反応速度は(　　)÷時間で求められる。

GR❸　一般に温度が高いほど，反応速度は(　　)。

24　反応速度と化学平衡

解答目標時間：12分

問　AとBが反応してCが生成する下記の反応について考える。

$$A + B \rightleftarrows 2C$$

正反応の反応速度 v_1（速度定数 k_1）はAとBのそれぞれのモル濃度に比例する。一方，逆反応の反応速度 v_2（速度定数 k_2）はCのモル濃度の2乗に比例する。ただし，A，BおよびCのモル濃度〔mol/L〕は，それぞれ[A]，[B]および[C]と表記する。また，温度は一定である。

問1　正反応および逆反応の反応速度(v_1 および v_2)を速度定数および各成分のモル濃度を用いた式で答えよ。

問2　正反応に関して，AとBの反応開始時の濃度がどちらも3.0 mol/Lであるとき，反応開始直後のCの生成速度は3.6×10^{-1} mol/(L･min)であった。一方，逆反応に関して，Cの反応開始時の濃度が2.0 mol/Lであるとき，反応開始直後のCの分解速度は1.0×10^{-2} mol/(L･min)であった。正反応および逆反応の速度定数 k_1 および k_2〔L/(mol･min)〕を答えよ。

問3　この反応が平衡状態に達したときの平衡定数 K を答えよ。

問4　AとBの反応開始時の濃度がどちらも5.0 mol/Lであるとき，平衡状態におけるCの濃度〔mol/L〕を有効数字2桁で答えよ。

〈山口大〉

★ ★ ★

合格へのゴールデンルート

GR❶ 反応速度式は(　　)と濃度の関係式。
GR❷ 平衡状態では正反応と逆反応の反応速度は(　　)。
GR❸ 平衡定数の式には平衡時の(　　)を代入する。

25　化学平衡(1)

解答目標時間：12分

問　ある容量の密閉容器に，すべて気体の水素 H_2 1.0 mol とヨウ素 I_2 0.90 mol を入れ加熱し，ある温度 T〔K〕で一定に保ったところ，ヨウ化水素HIが1.6 mol生成し，次式で表される反応が平衡状態に達した。

$$H_2 + I_2 \rightleftarrows 2HI$$

問1　この反応における平衡定数を求めよ。

問2　密閉容器に H_2 と I_2 とHIをそれぞれ1.0 mol入れて T〔K〕に保った。平衡時のHIの物質量 n〔mol〕について最も適するものを次の(ア)～(ウ)のうちから1つ選べ。

(ア)　$n = 1.0$　　(イ)　$n > 1.0$　　(ウ)　$n < 1.0$

問3 別の同容量の密閉容器に H_2 2.0 mol，I_2 2.0 mol を入れ，上記の温度で一定にし，平衡状態に達したときのHIは何molか，答えよ。ただし，$\sqrt{2} = 1.4$ とする。

問4 体積10 Lの密閉容器に，あらかじめHIを0.80 molと H_2 2.0 mol，I_2 2.0 molを入れた。これまでの温度よりさらに上昇させ，一定に保ちながら反応させたところ，平衡定数は36となった。このとき，増加したHIは何molか，答えよ。

〈宮城大〉

★★★

合格へのゴールデンルート

GR 1 平衡定数と同じ（物質量 or 濃度）比の式に反応開始の値を代入すると，反応の進み方がわかる。

GR 2 温度が一定であれば，（　　）は変化しない。

26 化学平衡（2）

解答目標時間：15分

問 次の文章を読み，以下の問いに答えよ。数値は有効数字2桁まで求めよ。ただし，いずれの気体も理想気体としてふるまうものとする。必要があれば気体定数は $R = 8.3 \times 10^3$ Pa·L/(mol·K)とする。

体積可変の密閉容器に窒素 N_2 を3.0 molと水素 H_2 を9.0 mol入れて，①触媒存在下で温度を800 Kに保ってアンモニア NH_3 を生成させた。この反応の反応式と平衡定数は次式で表される。

反応式　$N_2 + 3H_2 \rightleftarrows 2NH_3$

平衡定数　$K = \dfrac{[NH_3]^2}{[N_2][H_2]^3} = 3.0 \times 10^{-2}\ (\text{mol/L})^{-2}$

問1 下線部①の触媒の作用について，次の語句を用いて50字程度で記せ。

活性化エネルギー　　　反応速度　　　平衡定数

問2　この反応が平衡に達するときに，容器に含まれる混合気体中の NH_3 の体積百分率が 20% であるとして，次の問いに答えよ。

(1)　平衡状態における NH_3 の物質量を x〔mol〕として，x を用いた式で混合気体中の NH_3 のモル分率を表せ。

(2)　平衡状態における N_2，H_2，NH_3 それぞれの物質量〔mol〕を求めよ。

(3)　平衡状態における混合気体の体積 V〔L〕と全圧 P〔Pa〕の値を求めよ。

問3　**問2**の平衡後に以下の(1)〜(4)の操作を個別に行う場合を考える。それぞれの操作後に新しい平衡状態に達するとき，NH_3 の物質量はどのようになるか。次のア〜ウから選んで答えよ。ただし，アルゴン Ar は反応には関係しないものとする。また，この反応の正反応は発熱反応である。

ア　増加する　　イ　減少する　　ウ　変化しない

(1)　温度一定で全圧を 2 倍に上げる。

(2)　全圧一定で温度を 900 K に上げる。

(3)　温度・全圧一定で Ar を 1.0 mol 追加する。

(4)　温度・体積一定で Ar を 1.0 mol 追加する。

〈兵庫県立大・改〉

合格へのゴールデンルート

GR❶ 触媒は活性化エネルギーを(　　)させる。触媒は平衡を(変化させる or 変化させない)。

GR❷ 平衡時の各物質の(　　)が求まると，体積や圧力は求められる。

GR❸ 平衡の移動は，外部からの影響を(　　)方向に移動する。

27　電離平衡

解答目標時間：15 分

問　次の文を読み，下の問いに答えよ。ただし，数値は有効数字を 2 桁とし，必要があれば以下の数値を用いよ。

$\sqrt{2.8} = 1.7$，$\sqrt{28} = 5.3$，$\log_{10}1.7 = 0.23$，$\log_{10}2.8 = 0.45$，$\log_{10}7 = 0.85$

水のイオン積 $K_W = 1.0 \times 10^{-14}$ (mol/L)^2

水溶液の酸性や塩基性の強さを表すのに，水素イオン指数が用いられ，次式で表される。pH ＝［ア］。酸や塩基を含む溶液の pH は，成分の電離度の大きさによって異なってくる。0.010 mol/L の塩酸水溶液では，塩化水素の電離度は 1 と考えてよいから，pH は［イ］であり，同様に 0.010 mol/L の水酸化ナトリウム水溶液では，pH は［ウ］となる。

一方，酢酸は弱酸であり，電離度 α は極めて小さい。酢酸水溶液の濃度を C mol/L，電離定数を K_a とすると，α ＝［エ］，水素イオン濃度は $[H^+]$ ＝［オ］mol/L となる一般式で表される。したがって，$K_a = 2.8 \times 10^{-5}$ mol/L とすると，0.10 mol/L の酢酸水溶液の pH は［カ］となる。

0.50 mol の酢酸と 0.20 mol の酢酸ナトリウムを混合して水に溶かし，1 L とした水溶液では，水素イオン濃度は［キ］mol/L となるから，pH は［ク］となる。この混合水溶液に，0.10 mol の塩化水素を溶解させ，溶液の体積は 1 L と変わらないとすると，水素イオン濃度は［ケ］mol/L となり，pH は［コ］となる。このように，少量の酸または塩基を加えたときに pH の変化が小さい溶液を緩衝液という。

CHAPTER 1　理論化学

問 1　［ア］，［エ］，［オ］に入る適切な式を記せ。

問 2　［イ］と［ウ］に入る整数を記せ。

問 3　［カ］～［コ］に入る適切な数値を有効数字 2 桁で記せ。

〈金沢大〉

★★★

合格へのゴールデンルート

GR❶ 酢酸水溶液中では，$[CH_3COOH]$ と [(　　)] は等しい。

GR❷ 25℃で，pH + pOH =(　　)となる。

GR❸ 緩衝液の pH を求めるときは，CH_3COOH と CH_3COONa の濃度比に注目しよう。

28　溶解度積

解答目標時間：15 分

問　次の文章を読み，下の問いに答えよ。ただし，AgCl の式量は 143.5 とする。

塩化物イオンを含む試料水溶液に硝酸銀水溶液を滴下することによって，試料水溶液中の塩化物イオンの濃度を求めることができる。このとき指示薬としてクロム酸カリウム水溶液を試料水溶液に加えておくと，塩化銀の沈殿生成が完了したときにクロム酸銀の赤褐色沈殿を生じ，滴定の終点を判断できる。このような沈殿反応を利用した滴定を沈殿滴定という。特にこの沈殿滴定では塩化銀とクロム酸銀の溶解度の差を利用している。

問 1　塩化銀の溶解度積 $K_{sp(AgCl)}$ は 25℃で $K_{sp(AgCl)}$ 1.8 × 10^{-10} $(mol/L)^2$ である。25℃の水 100 mL に溶解する塩化銀は最大何 g か。有効数字 2 桁で答えよ。ただし, $\sqrt{1.8}$ = 1.34 とする。

問 2　3.0 × 10^{-2} mol の塩化ナトリウムと 5.0 × 10^{-4} mol のクロム酸カリウムだけを含む混合溶液をコニカルビーカーに入れ，この混合溶液に硝酸銀水溶液を少しずつ滴下した。コニカルビーカー内で赤褐色沈殿が生じ始めた時点で硝酸銀水溶液の滴下を止めた。このときコニカルビーカー内の溶液の体積は 50 mL であった。この溶液中に含まれる銀イオンの濃度は何 mol/L か。有効数字 2 桁で答えよ。ただし，クロム酸銀の溶解度積 $K_{sp(Ag_2CrO_4)}$ は次の式で表され，$\sqrt{2}$ = 1.4 とする。

$$K_{sp(Ag_2CrO_4)} = [Ag^+]^2[CrO_4{}^{2-}] = 2.0 \times 10^{-12} (mol/L)^3$$

問 3　**問 2** でクロム酸銀の沈殿が生成し始めたときの混合溶液中に存在する塩化物イオンの濃度は何 mol/L か。有効数字 2 桁で答えよ。

〈日本女子大・改〉

★★★

合格へのゴールデンルート

GR 1　溶解度積は溶液中で存在できるイオン濃度の（最大 or 最小）値から求められる。

GR 2　「沈殿が生じ始めるとき」とは，（　　）となっている。

GR 3　$CrO_4{}^{2-}$ →（Ag^+）→ Cl^- の順に濃度を求めてみよう。

CHAPTER 2 無機化学

29 17族元素

解答目標時間：10 分

問　塩素 Cl_2 は，黄緑色で刺激臭のある有毒な気体であり，①酸化マンガン(IV)に濃塩酸を加えて加熱すると発生する。Cl_2 は水に少し溶け，一部は水と反応して［ A ］と塩化水素 HCl を生じる。この水溶液を塩素水という。

［ A ］は強い［ ア ］があるため，塩素水は殺菌や漂白に利用されている。

塩素と同じ 17 族に属する元素はハロゲンと呼ばれる。フッ素，塩素，臭素，ヨウ素の各原子は［ イ ］個の価電子をもち，1 価の［ ウ ］イオンになりやすい。これら 4 つの元素の単体はすべて二原子分子で，［ ア ］がある。臭素 Br_2 は室温・大気圧で赤褐色の［ エ ］体である。Br_2 の［ ア ］は Cl_2 よりも［ オ ］いので，臭化カリウム水溶液に Cl_2 を通じると Br_2 を生じる。また，エチレンに Br_2 を反応させると，付加反応がおこり，［ B ］が生じる。

フッ素，塩素，臭素，ヨウ素の単体は水素 H_2 と反応してハロゲン化水素を生じる。②塩化水素 HCl は，塩化ナトリウムに濃硫酸を加え，加熱することでも得られる。同じ濃度のハロゲン化水素の水溶液を比較した場合に，最も酸性が弱いものは［ C ］の水溶液である。

ハロゲンの単体は，分子量が大きいほど，沸点が高くなる。これは，分子量が大きいほど［ カ ］が強くなるためである。一方，ハロゲン化水素の沸点は，HCl が最も低く，臭化水素 HBr，ヨウ化水素 HI，フッ化水素 HF の順に高くなる。HF は HCl よりも分子量が小さいにもかかわらず沸点が著しく高い。これは，HF 分子間に働く水素結合のためである。

問1　［ A ］～［ C ］に当てはまる化合物の名称を記せ。

問2　［ ア ］～［ カ ］に当てはまる最も適切な語句または数字を記せ。

問3　下線部①および②の反応を化学反応式で記せ。

問4　一般に水素結合とはどのような結合か，50 字以内で記せ。

〈大阪立大〉

★★★

合格へのゴールデンルート

GR 1　ハロゲンの単体は(酸化 or 還元)剤としてはたらき，F_2 が最も(強い or 弱い)。

GR2 水素結合はおもに分子間ではたらく(　　)的な引力である。

30　16，15族元素

解答目標時間：12分

問 窒素の単体であるN_2は，液体空気の[ア]によって得られ，常温で安定な気体である。窒素の水素化合物であるアンモニアは，アンモニウム塩と強塩基との反応でつくられる。工業的には[イ]を主成分とする触媒を用いて，窒素と水素から高圧下においてつくられる。この製法は，ハーバー・ボッシュ法と呼ばれている。窒素の酸化物のひとつである[ウ]は，①銅と希硝酸との反応によって発生する気体で，水にほとんど溶けず，空気中では酸化される。工業的には白金を触媒として，②アンモニアを酸化することによってつくられる。[ウ]を空気酸化し，生成物である[エ]を温水と反応させると硝酸が得られる。このアンモニアから硝酸をつくる製法は，オストワルト法と呼ばれている。

硫黄の単体には，環状分子の単斜硫黄や[オ]，長い鎖状分子の[カ]がある。硫黄の水素化合物である③硫化水素は，硫化鉄(Ⅱ)と希硫酸との反応によって発生する。硫黄の酸化物のひとつである二酸化硫黄は，硫黄の燃焼によってできる気体で，水に比較的よく溶ける。二酸化硫黄は通常は還元剤として作用し，漂白剤などに利用されるが，④硫化水素との反応では酸化剤としてはたらく。二酸化硫黄を，酸化バナジウム(Ⅴ)を触媒として酸化した後に，水と反応させると硫酸が得られる。

問1 [ア]に適切な語を，[イ]～[カ]に適切な物質名をそれぞれ記せ。

問2 下線部①～④で起こる反応の化学反応式をそれぞれ記せ。

問3 濃硫酸に関する記述として，当てはまるものを以下の(a)～(f)の中からすべて選び記号で答えよ。

(a)　密度が水より小さい。

(b)　水に溶かしたときの溶解熱が小さい。

(c)　吸湿性があり，乾燥剤に用いられる。

(d) 塩化ナトリウムと混合して穏やかに加熱すると，塩化水素が遊離する。

(e) 糖などの有機化合物から，成分元素の水素と酸素を水の形で奪うはたらきが強い。

(f) 銅や銀を加えて加熱すると，二酸化硫黄が発生する。

〈埼玉大，岩手大〉

★★★

合格へのゴールデンルート

GR❶ 工業的製法は NH_3 が(　　)法，HNO_3 は(　　)法。

GR❷ H_2S は(　　)臭，SO_2 は(　　)臭をもつ無色の気体である。

GR❸ 希硫酸と濃硫酸の性質は(　　)の違いである。

31　2族

解答目標時間：10 分

問 次の文を読み，下の問いに答えよ。ただし，原子量は，C = 12，O = 16，Mg = 24，Ca = 40 とする。

カルシウムの単体は，室温で銀白色の金属光沢をもつやわらかい固体である。(a)常温の水にカルシウムの金属片を入れると気体を発生して溶け，［　ア　］の水溶液となる。［　ア　］は，しっくいの原料である。しっくいを壁に塗ると［　ア　］が徐々に空気中の二酸化炭素と反応して水に溶けにくい炭酸カルシウムに変わり，美しい白色の壁ができる。また［　ア　］の飽和水溶液は石灰水と呼ばれる。(b)石灰水に二酸化炭素を通じると沈殿が生じるが，(c)さらに二酸化炭素を通じ続けると沈殿は溶解する。この溶液を加熱すると気泡が発生し，炭酸カルシウムが沈殿する。(d)炭酸カルシウムは石灰石の主成分であり，これを熱分解すると［　イ　］と二酸化炭素が生成する。［　イ　］は塩酸と反応すると［　ウ　］となる。［　ウ　］の無水物の結晶は潮解性があり，乾燥剤や凍結防止剤などに用いられる。また，［　イ　］とコークスの混合物を電気炉で高温に加熱すると，炭化カルシウムが生成する。(e)炭化カルシウムは水と反応して気体を発生すると同時に［　ア　］を生じる。

問1 文中の空欄[ア]～[ウ]に入る化学式を記せ。

問2 下線部(a)～(e)の反応を化学反応式で記せ。

問3 下線部(d)について，次の問いに答えよ。

石灰石は一般に炭酸カルシウムと炭酸マグネシウムの両方を含んでいる。ある石灰石は，炭酸カルシウムと炭酸マグネシウムのみから構成されていると仮定する。この石灰石 10.00 g を気体が発生しなくなるまで熱分解したところ，残った固体の質量は 5.47 g であった。この石灰石中の炭酸カルシウムの質量での割合〔%〕の数値を有効数字 2 桁で求めよ。なお，炭酸マグネシウムの熱分解は，炭酸カルシウムの熱分解と同様の反応であり，二酸化炭素が発生する。

〈東北大〉

★★★

合格へのゴールデンルート

GR❶ カルシウムの単体と化合物をしっかりチェックしよう。

GR❷ 混合物の計算は反応式を分けて書こう。

GOLDEN ROUTE ❶ ❷

32 アルミニウム

解答目標時間：10 分

問 アルミニウムの単体は，[1]と呼ばれる鉱物から得た純粋な①酸化アルミニウムを氷晶石とともに[2]電解して製造される。このとき電極として[3]が用いられる。

単体のアルミニウムは酸にも強塩基にも溶解するが，②濃硝酸を反応させると表面にち密な酸化被膜を形成するため溶解しない。③アルミニウムの酸化物も酸や強塩基に溶解する。

④アルミニウムイオンを含む水溶液に塩基を少量加えるとゲル状の白色沈殿が生じる。

GOAL

問1 [1]～[3]に適切な語句を記せ。

問2 下線部①の製造法で 27.0 kg のアルミニウムを得るためには，1.50 A の電流を何秒間通じる必要があるか，有効数字 3 桁で答えよ。ただし，アルミニウムの原子量を27.0，ファラデー定数を9.65×10^4 C/molとする。

問3　下線部②のような金属表面に酸化被膜を形成して，腐食されにくくなる状態を何と呼ぶか。

問4　下線部③のアルミニウムの酸化物Al_2O_3が水酸化ナトリウム水溶液に溶解する反応を化学反応式で答えよ。

問5　下線部④の白色沈殿は何か，化学式で答えよ。

〈大阪薬科大〉

★★★

合格へのゴールデンルート

GR1 酸化アルミニウムの(　　)電解は約1000°Cで反応させるので，水はない。

GR2 ち密な酸化被膜を形成して内部を保護する状態を(　　)という。

GR3 酸化アルミニウムは(　　)酸化物なので，酸や強塩基と反応する。

CHAPTER 2 無機化学

33　遷移元素

解答目標時間：12分

問　鉱物から得られる金属資源とその性質に関する次の文章を読み，下の問いに答えよ。

(a)鉄は，赤鉄鉱(酸化鉄(Ⅲ)が主成分)などを，溶鉱炉(高炉)中で高温のコークスから発生する一酸化炭素で還元して得られる。銅は，黄銅鉱を還元して得られる粗銅を，電解精錬して純度を高める。(b)電解精錬は粗銅板を陽極，純銅板を陰極として，硫酸で酸性にした硫酸銅(Ⅱ)水溶液中に入れて行う。

鉄は，さびを防ぐために，合金として使われることが多い。(　ア　)とニッケルとの合金はステンレス鋼と呼ばれ，台所用品に多く見られる。(　ア　)のオキソ酸のカリウム塩は，水に溶けて黄色の溶液となる。(c)この溶液中の陰イオンは銀イオンや鉛イオン，バリウムイオンと反応し，難溶性の塩を生じるため，これらのイオンの分離や確認に用いられる。(d)アルミニウムの粉末と酸化鉄(Ⅲ)とを反応させると，多量の反応熱によって3000℃以上の高温になり，融けた単体の鉄が遊離するので，鉄管や鉄道のレールなどの溶接に利用される。

銅は，電気をよく伝えるので，送電線などの電気材料に広く用いられている。一般に，金属が電気や熱をよく導くのは，(　イ　)によって電気や熱エネルギーが運ばれるからである。また，延性や(　ウ　)があるのは，原子の動きに応じて(　イ　)が動いて原子どうしを結びつけることができるためである。銅と(　エ　)との合金を黄銅といい，加工しやすく，機械部品などに使用される。(e)(　エ　)はアルミニウムとともに(　オ　)金属と呼ばれ，酸や強塩基の水溶液と反応し，気体を発生する。

問1　下線部(a)で，酸化鉄(Ⅲ)から鉄が得られる化学反応式を記せ。
問2　下線部(b)で，陽極でおもに起こる変化を電子を含むイオン反応式で記せ。
問3　(　ア　)に適切な元素名を記せ。
問4　下線部(c)で，鉛(Ⅱ)イオンとの反応を，イオン反応式で記せ。
問5　下線部(d)を化学反応式で記せ。
問6　(　イ　)，(　ウ　)，(　オ　)に適切な語句を入れよ。
問7　下線部(e)で，(　エ　)と水酸化ナトリウム水溶液との反応を，化学反応式で記せ。

〈金沢大〉

★★★

合格へのゴールデンルート

GR❶ 銅の電解精錬の(　　)極での反応はイオン化傾向で考えよう。
GR❷ ステンレス鋼は鉄・(　　)・(　　)の合金でできているので，さびにくい。
GR❸ 金属の単体は(　　)が移動するので，電気や熱を通す。

34　気体の発生

解答目標時間：15 分

問　以下の(a)〜(e)の操作により気体を発生させた。これらの反応に関する以下の問いに答えよ。

(a)　銅を濃硝酸に加える。
(b)　銅を濃硫酸に加える。

(c)　硫化鉄(Ⅱ)に希硫酸を加える。
(d)　塩化アンモニウムと水酸化カルシウムを混合する。
(e)　過酸化水素の水溶液に酸化マンガン(Ⅳ)を加える。
(f)　塩化ナトリウムを濃硫酸に加える。
(g)　亜鉛に塩酸を加える。

問1　(a)〜(g)の化学反応式を答えよ。また，加熱が必要な反応を記号ですべて選べ。

問2　(a)〜(f)の反応で発生した気体の捕集法として，最も適したものをそれぞれ以下の①〜③から1つずつ選び，番号で答えよ。

①　上方置換　　②　下方置換　　③　水上置換

問3　(a)，(d)の反応で発生した気体を乾燥させるための乾燥剤として，用いることができるものを次の①〜③からすべて選び，番号で答えよ。

①　塩化カルシウム　　②　ソーダ石灰　　③　濃硫酸

問4　(b)および(c)の反応で発生した気体の説明として，最も適切なものを①〜④からそれぞれ1つ選び，番号で答えよ。

①　石灰水に通すと白濁を生じる。
②　腐卵臭の有毒な気体で，酢酸鉛(Ⅱ)をしみこませたろ紙が黒変する。
③　刺激臭の有毒な気体で，漂白作用がある。
④　無色の気体で，空気に触れると赤褐色になる。

問5　(g)の反応で発生した気体を水上置換で捕集した結果，27℃，1.04×10^5 Pa で 99.6 mL であった。発生した気体の物質量〔mol〕を有効数字2桁で答えよ。ただし，発生した気体は水に溶解しないものとし，気体定数は $R = 8.3 \times 10^3$ Pa･L/(mol･K)，27℃における水の蒸気圧を 4.0×10^3 Pa とする。

〈神戸女学院・改〉

★★★

合格へのゴールデンルート

GR❶　気体の捕集法は，水への(　　)と空気より重いか軽いかで区別しよう。
GR❷　気体の乾燥は，その気体と反応しないものを選択しよう。
GR❸　水上置換で捕集した気体の計算では，H_2O は(　　)となっていることに注意しよう。

35　金属イオンの沈殿

解答目標時間：12 分

問　金属イオンには，特定の陰イオンと反応して，水に溶けにくい化合物を生じたり，錯イオンを形成したりするものがある。これらの反応を利用することによって，水溶液に含まれる金属イオンを確認できる。

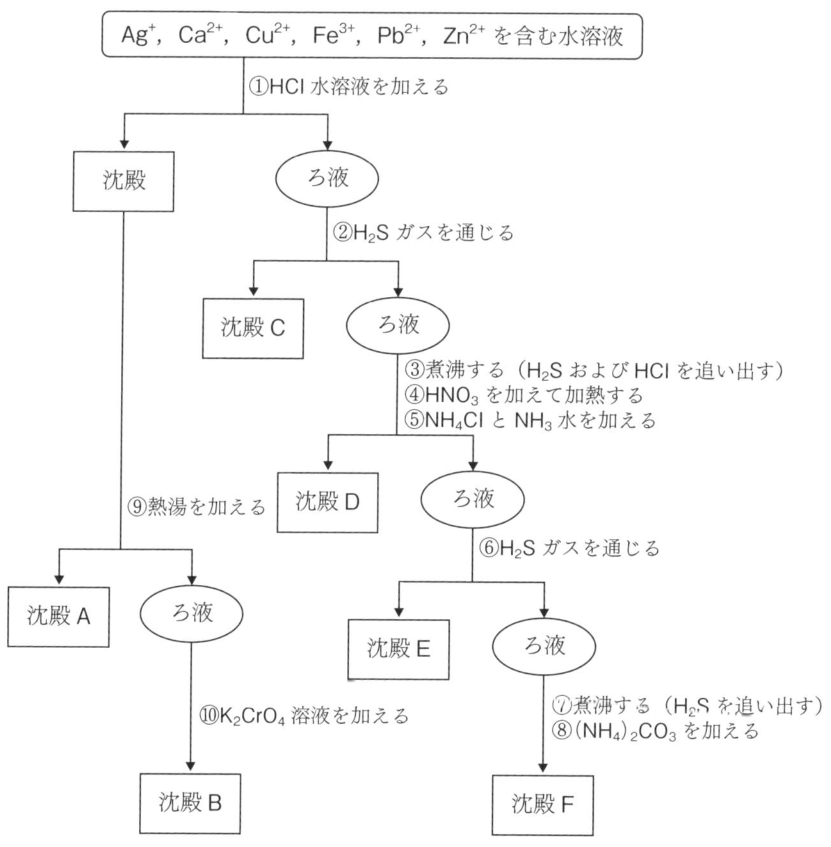

図　金属イオンの分離実験操作

問 1　Ag^{+}，Ca^{2+}，Cu^{2+}，Fe^{3+}，Pb^{2+}，Zn^{2+} の 6 種類の金属イオンの分離実験操作を図に示す。沈殿 A～F の化学式を答えよ。また沈殿 A～F の色

を答えよ。ただし，同じ語句を複数回選んでもよい。

問2　沈殿Aは過剰な NH_3 水に溶解して無色の溶液となった。この変化のイオン反応式を答えよ。

問3　図の④の操作を省略すると沈殿がほとんど生成しなかった。この実験結果をふまえ，沈殿Dを得るために HNO_3 を加えて加熱する理由を50字以内で説明せよ。

〈富山大〉

★ ★ ★

合格へのゴールデンルート

GR 1 分離操作では，水溶液を何性にしたのかをチェックしよう。
GR 2 加えた陰イオンで(　　)が生じるかをチェックしよう。
GR 3 ハロゲン化銀の反応性は，(　　) > AgBr > (　　)の順になる。

CHAPTER 3

有機化学

36 炭化水素

解答目標時間：10 分

問 アルカンと塩素の混合気体に紫外線を当てると，置換反応が段階的に進行し，アルカンの水素原子が塩素原子で置き換えられた置換体の混合物が得られる。例えば，(a)メタンをこの方法で塩素化すると，4 種類の化合物が生成するが，分留により分離することができる。また，プロパンをこの方法で塩素化すると，複数の化合物が生成するが，このうち，分子式 C_3H_7Cl で表される構造異性体は［ ア ］種類であり，(b)分子式 $C_3H_6Cl_2$ で表される構造異性体は［ イ ］種類である。

アルケンは塩素や臭素と付加反応を起こす。たとえば，臭素を含む溶液にプロペンを吹き込むと，臭素の付加が起こり，溶液の色が［ ウ ］色から無色にかわる。(c)プロペンに水を付加させると，同じ分子式をもつ 2 種類のアルコールが生成する。

アルキンは，アルケンと同様に付加反応を起こす。たとえば，アセチレンに塩化水素を付加させると化合物 A が，酢酸を付加させると化合物 B が，また水を付加させると不安定な化合物 C を経て化合物 D が生成する。

問 1 空欄［ ア ］と［ イ ］に当てはまる最も適切な数字を，また，空欄［ ウ ］に当てはまる最も適切な語を記せ。

問 2 下線部(a)の反応について，4 種類の生成物の分子式を記せ。

問 3 下線部(b)の構造異性体のうち，不斉炭素原子をもつ化合物の構造式を記せ。

問 4 次の(a)～(d)の化合物のうち，シス-トランス異性体をもつものを，すべて選べ。

(a) $CH_2=CHCH_3$　　(b) $CH_3CH=CHCH_3$

(c) $CH_3CH=C(CH_3)_2$　　(d) $CHCl=CHCH_3$

問 5 下線部(c)の反応について，生成する 2 種類のアルコールの構造式を記せ。また，主生成物となるアルコールの名称を記せ。

問 6 化合物 A～D の構造式をそれぞれ記せ。

〈新潟大〉

GOLDEN ROUTE 1 2 3 GOAL

★★★

合格へのゴールデンルート

GR❶ 異性体はまず炭素骨格の(長い方 or 短い方)から順に書き出していこう。
GR❷ C=C, C≡C があるとき,(付加 or 置換)反応が起こりやすい。
GR❸ C=C, C≡C がないとき,(付加 or 置換)反応が起こりやすい。

37 アルデヒド, ケトン

解答目標時間:15 分

問 化合物 A および B はいずれも分子式 C_6H_{12} の炭化水素である。これらに関連する実験ア～オを行い,次の結果を得た。

ア A をオゾン分解したところ,化合物 C と D が生じ,B をオゾン分解したところ,ホルムアルデヒドと化合物 E が生じた。なお,オゾン分解は,炭素原子間の二重結合を切断してカルボニル化合物を生成する反応である。

$$\begin{matrix} R_1 & & R_3 \\ & C=C & \\ R_2 & & R_4 \end{matrix} \xrightarrow{\text{オゾン分解}} \begin{matrix} R_1 & \\ & C=O \\ R_2 & \end{matrix} + \begin{matrix} & R_3 \\ O=C & \\ & R_4 \end{matrix}$$

(R_1～R_4 はアルキル基または水素)

イ 化合物 C はヨウ素と水酸化ナトリウム水溶液を作用させると特異な臭いをもつ黄色の沈殿を生じたが,化合物 D と E は同様の変化を起こさなかった。

ウ 化合物 D と E を試験管に入れ,アンモニア性硝酸銀溶液を作用させると,ガラス壁が銀色となった。化合物 C では同様の反応は起こらなかった。

エ 化合物 C は酢酸カルシウムを熱分解することによっても得られた。

オ 化合物 E は不斉炭素原子をもつ化合物であった。

問1 実験イの反応が陽性となる化合物を①～⑧から 2 つ選べ。

① CH_3OH ② CH_3CH_2OH ③ $CH_3CH_2CH_2OH$
④ HCOOH ⑤ HCHO ⑥ (ベンゼン環)–CHO
⑦ (ベンゼン環)–$COCH_3$ ⑧ CH_3OCH_3

問2　実験ウの反応はどのような官能基の検出に使用されるか。次の①〜⑧から1つ選べ。

①　ヒドロキシ基　②　ケトン基
③　ホルミル(アルデヒド)基　④　カルボキシ基
⑤　エステル結合　⑥　アミノ基　⑦　ニトロ基　⑧　スルホ基

問3　実験ウの反応で化合物Dはアンモニア性硝酸銀により，どのような変化を受けたか。次の①〜⑥から1つ選べ。

①　酸化された。
②　還元された。
③　アンモニア性硝酸銀が触媒となり水和された。
④　アンモニア性硝酸銀が触媒となりアンモニアが付加した。
⑤　アンモニア性硝酸銀とアンモニアのはたらきで脱離反応を起こした。
⑥　ニトロ化された。

問4　実験エの反応を反応式で記せ。

問5　化合物AおよびBの構造式を記せ。

〈明治薬科大〉

★★★

合格へのゴールデンルート

GR1　ヨウ素と水酸化ナトリウム水溶液を加えると(　　)反応が起こる。
GR2　ホルミル基は(　　)性を示す。
GR3　オゾン分解ではC=Cが切れて，(　　)原子がつく。

GOLDEN ROUTE　1　2　3　GOAL

38　アルコールの構造決定

解答目標時間：18分

問　次の文章を読み，下の問いに答えよ。ただし，原子量はH = 1.0，C = 12，O = 16とする。

化合物A〜Gは，炭素，水素，酸素のみから構成される有機化合物であり，分子量が100以下で同一の分子式をもつ。以下の(1)〜(8)は，化合物A〜Gに関連する実験結果である。

実験結果：

(1) これらの化合物 37 mg をはかりとり，完全に燃焼させたところ，いずれの化合物でも(a)水 45 mg と二酸化炭素 88 mg が生成した。

(2) 化合物 A〜G に金属ナトリウムを加えると，化合物 A〜D では(b)気体が発生したが，化合物 E〜G では気体が発生しなかった。

(3) 化合物 A〜D を二クロム酸カリウムの硫酸酸性溶液でおだやかに酸化すると，化合物 A〜C からは中性の化合物が得られた。一方，化合物 D はこの条件で酸化されなかった。

(4) 化合物 A と化合物 B を二クロム酸カリウムの硫酸酸性溶液で十分に酸化すると，酸性を示す化合物が得られた。得られた化合物に炭酸水素ナトリウム水溶液を加えると(c)気体が発生した。

(5) 化合物 B と化合物 D に濃硫酸を加え加熱すると，分子内脱水により同一の不飽和炭化水素が得られた。

(6) 化合物 C に濃硫酸を加え加熱すると，分子内脱水により(d)三種類の不飽和炭化水素が得られた。

(7) 化合物 E は炭素骨格に枝分かれをもっていることがわかった。

(8) 化合物 G は，ある一種類のアルコールを分子間脱水することで得られた。

問 1 下線部(a)では，化合物の燃焼により水と二酸化炭素が生成している。生じた水と二酸化炭素の重量をはかるため，まず，水を塩化カルシウムで吸収させた後に，二酸化炭素をソーダ石灰で吸収させる。このとき，吸収させる順序を逆にしてはいけない理由を 25 字以内で説明せよ。

問 2 化合物 A〜G の分子式を記せ。

問 3 下線部(b)および下線部(c)で発生した気体の分子式をそれぞれ記せ。

問 4 化合物 F の構造式を記せ。

問 5 下線部(d)で得られた 3 種類の不飽和炭化水素の構造式をすべて記せ。

問 6 化合物 A〜G の中には，鏡像異性体（光学異性体）の存在するものが 1 つある。その化合物を A〜G の記号で答えよ。

問 7 化合物 A〜G は同一の分子量をもつにもかかわらず，沸点はそれぞれ異なる。化合物 A〜G のうち，最も沸点が高いと考えられるものはどれか。その化合物の構造式を記せ。

問 8 化合物 A〜G のうち，水酸化ナトリウム水溶液とヨウ素を加えて温めると黄色沈殿を生じるものが 1 つある。その化合物を A〜G の記号で答えよ。

〈広島大〉

★★★

合格へのゴールデンルート

GR 1 元素分析では，試料の質量，CO_2 中の(　　)の質量，H_2O 中の(　　)の質量が重要。

GR 2 アルコールとエーテルの区別は(　　)基の有無に注目しよう。

GR 3 アルコールの酸化，(　　)反応は生成物で区別しよう。

39 エステルの構造決定

解答目標時間：15 分

問　試料 X は，化合物 A と B が等しい物質量で混合されたものである。A と B は構造異性体の関係にあり，分子内にベンゼン環をもたない，分子式 $C_{10}H_{16}O_4$ で表される化合物である。A と B の構造を決定するため，以下に示す実験 1～4 を行った。

実験 1　試料 X に水酸化ナトリウム水溶液を加え加熱し，十分に反応させた。その溶液を酸性にすると，化合物 C，D，E が物質量として，1：1：4 の割合で得られた。また，C は A から生じたことがわかった。

実験 2　C にはシス－トランス異性体の関係にある化合物が存在する。C を約 160℃で加熱すると容易に分子内脱水反応が起こり，分子式 $C_4H_2O_3$ で表される化合物が得られた。

実験 3　D は C の構造異性体で，C と同じ官能基を有していたが，シス－トランス異性体が存在しない炭素間二重結合を有する化合物であることが分かった。

実験 4　E は 1 価アルコールで，ヨウ素と水酸化ナトリウム水溶液を加え加温すると，黄色沈殿が生成した。

問 1　実験 1 において，試料 X に A と B が 1 mol ずつ含まれていた場合，下線部の反応を完全に起こさせるためには，水酸化ナトリウムは最低何 mol 必要か答えよ。

問2　C の名称を答えよ。

問3　D の構造式を記せ。

問4　実験 4 で生成した黄色沈殿の名称を答えよ。

問5　A の構造式を記せ。

〈大阪薬科大〉

★★★

合格へのゴールデンルート

GR❶ けん化は，エステル結合 1 個に対して(　　)が 1 個必要である。

GR❷ マレイン酸とフマル酸では，(　　)酸のほうが脱水しやすい。

GR❸ エステルの構造は(　　)の数をチェックしよう。

40　油脂，セッケン

解答目標時間：18 分

問　I　次の文を読み，下の問いに答えよ。ただし，原子量は H = 1.0，C = 12，O = 16，Na = 23，I = 127 とする。

油脂 A は，C=C 結合を含む単一の脂肪酸からなる。油脂 A 4.39 g を完全にけん化すると，水酸化ナトリウム 600 mg が消費された。このけん化では，脂肪酸 B のナトリウム塩とグリセリンが生成した。油脂 A 2.00 g を十分な量のヨウ素を用いて完全に反応させたところ，ヨウ素 3.47 g が付加した。

```
CH2－O－C－R
|       ‖
|       O
CH －O－C－R
|       ‖
|       O
CH2－O－C－R
        ‖
        O
```

油脂Aの構造（Rは炭化水素基）

問1　油脂 A の分子量を整数値で記せ。

問2　1 分子の油脂 A に含まれる C=C 結合の数を整数値で記せ。

問3　脂肪酸 B の分子式を記せ。

II　次の文を読み，下の問いに答えよ。

油脂を水酸化ナトリウム水溶液でけん化すると，グリセリンと脂肪酸のナトリウム塩が得られる。脂肪酸のナトリウム塩はセッケンと呼ばれ，その水溶液に横からレーザー光線のような強く細い光をあてると，①その光の進路が明るく見える。また，②多量の電解質を加えると沈殿の生成がみられる。

液体が表面積をできるだけ小さくしようとする力を［　ア　］という。セッケンは水に溶けてその［　ア　］を低下させ，繊維などの固体表面をぬれやすくする。このような作用を示す物質を［　イ　］という。セッケン水には衣服についた油汚れを落とす洗浄作用がある。同じ作用をもつ合成洗剤にはアルキルベンゼンスルホン酸ナトリウムなどが用いられており，セッケンとは③異なる性質を持っている。

問4　下線部①および②の現象の名称を答えよ。

問5　［　ア　］，［　イ　］に適当な語句を記せ。

問6　下線部③の異なる性質を，セッケンの場合と比較して2つ答えよ。

〈岡山大，愛媛大〉

★ ★ ★

合格へのゴールデンルート

GR❶ 油脂1 molをけん化するのに必要なNaOHは(　　) mol必要である。
GR❷ C=C 1個につきI_2は(　　)個付加する。
GR❸ セッケンの欠点を解消したものが(　　)である。

GOLDEN ROUTE ❶ ❷ ❸ GOAL

41　芳香族炭化水素，カルボン酸

解答目標時間：10分

問　分子式がC_8H_{10}である芳香族化合物には4つの異性体A，B，C，Dが存在する。Aを硫酸酸性の過マンガン酸カリウム水溶液で酸化すると，ジカルボン酸Eになり，Eは加熱すると分子内で水1分子がとれてFになる。Bを同様に酸化すると，ジカルボン酸Gを生じる。Dも同様に酸化すると，安息香酸になる。また，Gを(　i　)と縮合重合させると(　ii　)を生じる。(　ii　)はペットボトルの製造に用いられる。

問1 化合物A，B，C，Dの構造式を記せ。

問2 (i)，(ii)に当てはまる化合物名を記せ。

問3 化合物E，F，Gの構造式を記せ。

〈日本女子大〉

★★★

合格へのゴールデンルート

GR❶ 芳香族炭化水素の異性体を考えるときは，一置換体，二置換体，o，( )，pなどの位置をチェックしよう。

GR❷ 芳香族炭化水素の酸化はベンゼン環に( )原子が直接結合しているかで判断しよう。

42 フェノール類

解答目標時間：14分

CHAPTER 3 有機化学

問 次の文を読み，下の問いに答えよ。ただし，原子量はH = 1.0，C = 12，O = 16とする。

フェノールは室温では白色の固体であり，水に少し溶けて[ア]性を示す。フェノールは工業的にはベンゼンとプロペンを材料とする[イ]法を用いて製造され，このときフェノールと同時に化合物Aも生じる。フェノールを単体のナトリウムと反応させると，ナトリウムフェノキシドと水素が生じる。また，①フェノールの水溶液に臭素を加えると化合物Bの白色沈殿が生じる。これはフェノールの検出に用いられる。

フェノールは薬剤の原料としても用いられる。ナトリウムフェノキシドに高温・高圧下で二酸化炭素を反応させると化合物Cを生成し，この水溶液に希硫酸を作用させると化合物Dが得られる。②化合物Dに濃硫酸とともに無水酢酸を反応させると解熱鎮痛作用を持つ化合物Eが生成し，③化合物Dに濃硫酸とともにメタノールを反応させると消炎鎮痛作用をもつ化合物Fが生成する。

問1　［ア］，［イ］に当てはまる語句を記せ。

問2　化合物B，D，E，Fの化合物の名称をそれぞれ記せ。

問3　下線部①～③の反応の化学反応式をそれぞれ記せ。

問4　化合物D，E，Fについて，次の(1)と(2)の反応が起こるものを，それぞれすべて選び，化合物の名称で記せ。

(1)　塩化鉄(Ⅲ)水溶液を加えると，呈色する。

(2)　炭酸水素ナトリウム水溶液を加えると，気体が発生する。

問5　化合物Aの水溶液にヨウ素と水酸化ナトリウム水溶液を少量加えて温めると，特異臭をもつ黄色沈殿を生じた。この反応名を記せ。

問6　ベンゼン200gを材料として［イ］法を用いてフェノールを合成したところ，フェノールは27g得られた。これは理論的に得られる量の何%に相当するか。答えは小数第1位を四捨五入して整数で記せ。ただし，ベンゼン以外の原料は十分に存在するものとする。

問7　下線部の反応において，47gのフェノールを完全に単体のナトリウムと反応させたとき，発生する水素は標準状態の体積で何Lか。有効数字2桁で記せ。

〈大阪医科大・改〉

★ ★ ★

合格へのゴールデンルート

GR❶ フェノールの製法として，(　　)法，アルカリ融解，クロロベンゼンからの製法をチェックしよう。

GR❷ (　　)基がベンゼン環についているかどうかで性質が変わることに注意しよう。

GR❸ 収率計算は100%反応したときの(　　)を基準に考えよう。

GOLDEN ROUTE ❶ ❷ ❸ GOAL

43　芳香族窒素化合物

解答目標時間：12分

問　次の文を読み，下の問いに答えよ。なお，原子量はH = 1.0，C = 12，N = 14，O = 16を用いよ。

アニリンは芳香族アミンの代表的な化合物であり，無色油状の物質で空気中に放置すると褐色になる。アニリンは，さらし粉水溶液で酸化すると赤紫色を呈する。また硫酸酸性の二クロム酸カリウム水溶液で酸化すると，(　ア　)と呼ばれる黒色染料が得られる。

アニリンは工業的には，①ニッケルを触媒として高温でニトロベンゼンを水素で還元すること(接触還元法)で得られる。実験室では，②ニトロベンゼンをスズと塩酸で還元し，水酸化ナトリウム水溶液を加えることで得られる。一方，アニリンを無水酢酸と反応させると，アミド結合をもつ化合物Aが生成する。また，③アニリンの希塩酸溶液を0～5℃に冷やしながら亜硝酸ナトリウムと反応させると，塩化ベンゼンジアゾニウムの水溶液が生成する。この反応をジアゾ化という。この水溶液にナトリウムフェノキシドの水溶液を加えると，橙赤色の化合物Bが生成する。この反応をジアゾカップリングという。塩化ベンゼンジアゾニウムは分解しやすく，その水溶液を温めると，塩化水素の他に(　イ　)と窒素ができる。

問1　(　ア　)と(　イ　)の中に入る化合物名あるいは物質の名称を答えよ。化合物名は慣用名でよい。

問2　下線部①の接触還元法でニトロベンゼンがすべてアニリンに変換される場合，ニトロベンゼン8.2gから得られるアニリンの質量〔g〕を有効数字は2桁で答えよ。

問3　化合物AとBの構造式を記せ。

問4　下線部②の反応において，水酸化ナトリウム水溶液を加える理由をアニリンの化学的な性質がわかるように説明せよ。

問5　下線部③のジアゾ化反応の化学反応式を記せ。

〈兵庫県立大〉

★★★

合格へのゴールデンルート

GR1　アニリンの性質を考える1つのヒントは(　　)である。

GR2　ニトロベンゼンからアニリンを合成するとき，Snによる還元・(　　)接触還元の2つの製法を考えよう。

GR3　ジアゾ化の反応式を確認しておこう。

44　有機化合物の分離

解答目標時間：8 分

問　アニリン，安息香酸，フェノール，トルエンをジエチルエーテルに溶かした混合溶液がある。この溶液について，以下の図にしたがい，分液漏斗を用いて①～③の分離操作を行った。その結果，水層 A～C およびエーテル層 F のそれぞれに上記の化合物のうち 1 種類のみが何らかの形で移行した。

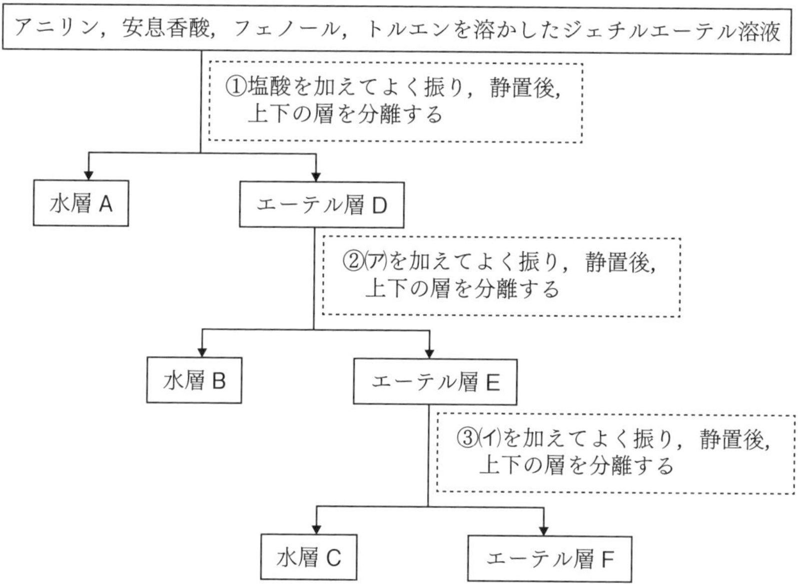

アニリン，安息香酸，フェノール，トルエンを溶かしたジエチルエーテル溶液

①塩酸を加えてよく振り，静置後，上下の層を分離する

→ 水層 A　／　エーテル層 D

エーテル層 D
②(ア)を加えてよく振り，静置後，上下の層を分離する

→ 水層 B　／　エーテル層 E

エーテル層 E
③(イ)を加えてよく振り，静置後，上下の層を分離する

→ 水層 C　／　エーテル層 F

問 1　アニリン，安息香酸，フェノール，トルエンのうち，最も強い酸である化合物の名称を答えよ。

問 2　分離操作①で 4 つの化合物のうち 1 つの化合物のみが反応し，その反応した化合物が水層 A に移行した。このときに起こった反応を化学反応式で答えよ。

問 3　分離操作②の(ア)と分離操作③の(イ)に入る最も適切なものを a～d からそれぞれ選び，記号で答えよ。

a　塩酸　　　　　　　　　　　b　炭酸水
c　炭酸水素ナトリウム水溶液　d　水酸化ナトリウム水溶液

問4　エーテル層Fに含まれる化合物に混酸を加えて高温で反応させると，爆薬として用いられる四置換ベンゼン誘導体が得られる。この誘導体の構造式を記せ。

問5　アセトアニリドについて同じ分離操作を行った場合，水層A〜C，エーテル層Fのうち，アセトアニリドはどこに移行するか答えなさい。ただし，アセトアニリドは分離操作中，加水分解されないものとする。

〈大阪薬科大〉

★★★

合格へのゴールデンルート

GR❶ 芳香族化合物の酸の強さは，スルホン酸>(　　)>炭酸>(　　)の順。

GR❷ 芳香族化合物が水に溶けるときと，エーテルに溶けるときの条件は何？

GR❸ トルエンは(　　)位，(　　)位で置換反応が起きやすい。

45　単糖，二糖

解答目標時間：10分

問　糖類は一般式 $C_m(H_2O)_n$ で表される物質の総称であり，エネルギー源としてはもとより，医薬品や甘味料として，我々の生活に深く関わっている。

グルコースのように，それ以上加水分解されない糖を単糖といい，スクロースのように，1分子の糖から加水分解によって2分子の単糖を生じるものを二糖という。また，デンプンやセルロースのように，多数の単糖が結合した構造をもつものを［　ア　］という。

グルコースは，自然界では光合成によって，［　イ　］と［　ウ　］を原料として作られる一方，酵素の働きによって，エタノールと［　イ　］に分解されるため，エタノールの工業的製法の原料としても重要である。また，グルコースの異性体であるフルクトースは，単糖のなかで最も強い甘味をもっている。フルクトースは，グルコースとの脱水縮合により，［　エ　］結合と呼ばれるエーテル結合を生成し，グルコースとフルクトースの中間の甘味を持つ二糖であるスクロースを生じる。［　エ　］結合は，［　オ　］性水溶液中での加熱や，酵素の作用によって加水分解を受ける。また，スクロースは還元性を示さないが，加水分解して得られたグルコースとフルクトースの等モル混合物を[カ]といい，還元性を示す。

問1　文中の[ア]～[カ]に当てはまる最も適切な語句を記せ。

問2　グルコースは水溶液中で以下に示した平衡にある。グルコースに関して，次の(1)，(2)に答えよ。

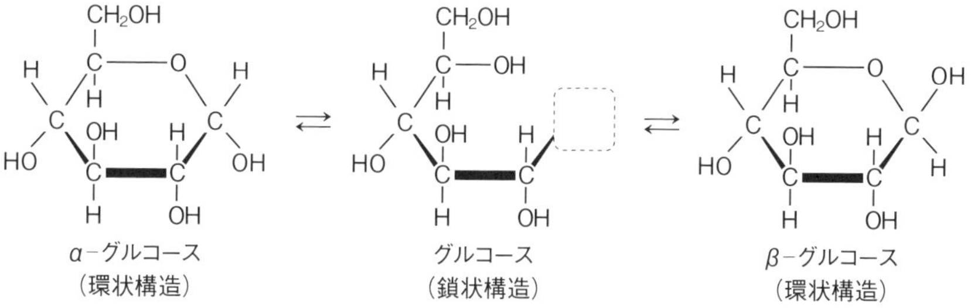

α－グルコース
（環状構造）

グルコース
（鎖状構造）

β－グルコース
（環状構造）

(1)　鎖状構造のグルコースの構造式の破線の枠内に必要な構造を記せ。

(2)　環状構造，鎖状構造のグルコースはそれぞれについて，不斉炭素原子の数を記せ。

問3　次の文を読み，下の(1)，(2)に答えよ。ただし，原子量は H ＝ 1.0，C ＝ 12，O ＝ 16 とする。

スクロース x〔mol〕とマルトース y〔mol〕との混合物 A が 1.71 g ある。これを水に溶かし，インベルターゼを加え，完全に加水分解反応を行ったところ，反応後に含まれている糖の物質量は 6.0×10^{-3} mol であった。

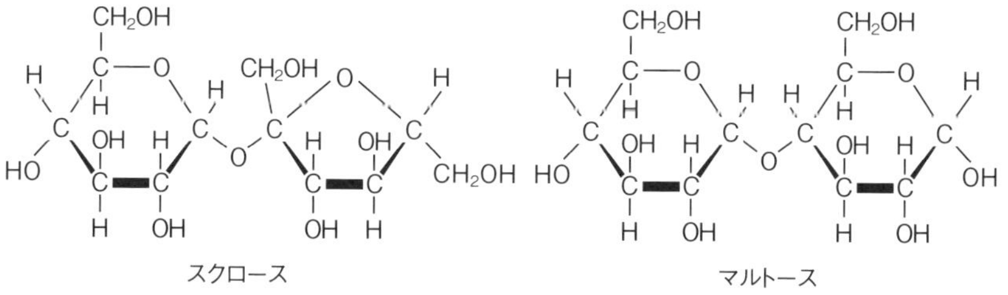

スクロース

マルトース

(1)　スクロースの分子量を整数で答えよ。

(2)　混合物 A 中のスクロースの質量〔g〕を有効数字 2 桁で求めよ。

〈富山大〉

★★★

合格へのゴールデンルート

GR 1 スクロースは還元性を持たないが，加水分解すると(　　)。
GR 2 グルコースは鎖状構造で(　　)基をもつので還元性を示すことに注目しよう。
GR 3 スクロースの分解酵素は(　　)，マルトースの分解酵素は(　　)である。

46 多糖

解答目標時間：15 分

問 次の文を読み，下の問いに答えよ。ただし，原子量は H = 1.0，O = 16.0，C = 12.0，Cu = 63.5 とする。

①デンプンは，α-グルコースが縮合重合したものであり，一般にらせん構造をとる。デンプンの水溶液は，ヨウ素と反応して呈色するが，②デンプンの構造によって呈色は異なり，(　ア　)の場合は濃青色，(　イ　)の場合は赤紫色を呈する。しかし，アミラーゼを作用させると，③その呈色は消失する。

④セルロースは，β-グルコースが縮合重合したものであり，分子全体で直線状構造をとる。セルロースは化学修飾することで様々な物質となる。例えば，セルロースに濃硝酸と濃硫酸の混合物(混酸)を反応させると，(　ウ　)基がエステル化された(　エ　)が得られ，無煙火薬の原料となる。

問1 (　ア　)～(　エ　)に入る適切な語句を答えよ。

問2 下線部①について，9.0 g のデンプンを完全に加水分解すると，何 g のグルコースを生じるか，有効数字 2 桁で答えよ。

問3 下線部②について，呈色の違いは(　ア　)と(　イ　)の構造の違いに起因する。(　ア　)と(　イ　)の構造の違いを説明せよ。

問4 下線部③について，その理由を答えよ。また，アミラーゼの作用により生じる化合物(二糖類)の構造式を示せ。

問5 下線部④について，648 g のセルロースにセルラーゼを作用させて加水分解し，セロビオースを得た。これに十分な量のフェーリング液を加えて加熱したところ，酸化銅(Ⅰ)の沈殿が得られた。

(a) セルロースからセロビオースが生じる化学反応式を答えよ。

(b) 酸化銅(Ⅰ)の沈殿は，フェーリング液に含まれる銅イオンCu^{2+}の還元により生じる。これは，セロビオースの有する官能基との反応により生じる。その官能基の名称を答えよ。

(c) 酸化銅(Ⅰ)の沈殿の質量〔g〕を有効数字3桁で答えよ。ただし，フェーリング液の還元反応は，還元性をもつ糖1 molあたり，酸化銅(Ⅰ)が1 mol生じるものとする。

〈石川県立大〉

★ ★ ★

合格へのゴールデンルート

GR1 デンプンで直鎖構造は(　　)，枝分かれ構造は(　　)。

GR2 ヨウ素デンプン反応の色は，デンプンの(　　)構造の長さに注目しよう。

GR3 半合成繊維は(　　)から合成される。

47 アミノ酸，タンパク質

解答目標時間：10分

問

アミノ酸は，タンパク質を構成する成分で，分子内にアミノ基$-NH_2$とカルボキシ基$-COOH$をもつ化合物の総称である。アミノ基とカルボキシ基が同一の炭素原子に結合しているアミノ酸をα-アミノ酸という。α-アミノ酸は一般式$R-CH(NH_2)COOH$で表され，側鎖(R−)の違いによってアミノ酸の種類が決まる。

あるアミノ酸分子のカルボキシ基と，別のアミノ酸分子のアミノ基との間で［ ア ］が起こると，アミド結合ができる。このように，アミノ酸どうしから生じたアミド結合を，特にペプチド結合という。アミノ酸2分子が［ ア ］して結合した分子を［ イ ］，3分子が結合した分子を［ ウ ］，多数のアミノ酸が［ ア ］により鎖状に結合した分子を［ エ ］という。

α-アミノ酸が［ ア ］して生じたペプチドXは次の呈色反応を示した。①ペプチドXの水溶液に水酸化ナトリウム水溶液を加えて塩基性にした後，少量の硫酸銅(Ⅱ)水溶液を加えると赤紫色を呈した。②ペプチドXの水溶液に濃硝酸を加えて加熱し，冷却後にアンモニア水を加えて塩基性にすると橙黄色を呈した。ペプチドXの水溶液に塩化鉄(Ⅲ)水溶液を加えると青紫色を呈した。また，ペプチドXの水溶液に水酸化ナトリウム水溶液を加えて加熱した後，酢酸鉛(Ⅱ)水溶液を加えると③黒色沈殿を生じた。

問1　α-アミノ酸の酸性水溶液，中性水溶液，塩基性水溶液中でどのような構造となるか。それぞれ構造式で記せ。

問2　アミノ酸の電荷の総和が0になるpHを何というか。

問3　文中の[　ア　]～[　エ　]に当てはまる最適な語句を記せ。

問4　下線部①と下線部②について，反応の名称をそれぞれ記せ。

問5　下線部③の黒色沈殿の化学式を記せ。

〈鳥取大〉

★★★

合格へのゴールデンルート

GR1　α-アミノ酸の水溶液中の構造は(　　)の授受に注目しよう。

GR2　アミノ酸の電荷の総和が0になる(　　)はアミノ酸ごとに決まっている。

GR3　検出反応の中で，ベンゼン環をもつアミノ酸が含まれると(　　)反応を示す。

48　合成高分子

解答目標時間：**14**分

問　次の文を読み，下の問いに答えよ。ただし，原子量はH = 1.0，C = 12，N = 14，O = 16とする。

合成高分子化合物は，縮合重合，開環重合，付加重合等によって合成される。アミノ基を有する化合物(　ア　)とカルボキシ基を有する化合物(　イ　)を単量体(モノマー)として用いて縮合重合により合成された高分子ナイロン66は世界初の合成繊維である。また，(a)高分子(　ウ　)はエチレングリコールとテレフタル酸を縮合重合した高分子であり，繊維としてだけでなく合成樹脂として清涼飲料水のボトルにも用いられている。開環重合により合成されたナイロン6は化合物(　エ　)を単量体としており，日本で開発された繊維である。

ポリビニルアルコールは化合物(　オ　)を付加重合してポリ酢酸ビニルとして，これを水酸化ナトリウムでけん化することで合成された高分子である。ポリビニルアルコールに化合物(　カ　)の水溶液を作用させてヒドロキシ基の一部を反応させた高分子は(b)ビニロンと呼ばれる日本初の合成繊維である。他にも付加縮合という重合反応もある。ベークライトと呼ばれる樹脂は，化合物(　キ　)と化合物(　カ　)を酸または塩基触媒とともに加熱して付加縮合した合成樹脂であり，(c)熱硬化性樹脂として知られている。

問1　文中の化合物(　ア　)～(　キ　)に当てはまる最も適切な化合物名を答えよ。

問2　高分子ナイロン66の平均分子量が 2.26×10^5 であった。この高分子の1分子中には平均して何個のアミド結合があるか。有効数字2桁で求めよ。

問3　下線部(a)について，エチレングリコールとテレフタル酸からポリエステルを合成する化学反応式を記せ。

問4　下線部(b)について，酢酸ビニル43gから平均分子量が 4.3×10^4 のポリ酢酸ビニルが得られた。このポリ酢酸ビニルをけん化して得られたポリビニルアルコールをアセタール化してビニロンを合成した。

このポリ酢酸ビニルの平均重合度と，アセタール化に必要な(　カ　)の物質量を，それぞれ有効数字2桁で求めよ。ただし，ポリ酢酸ビニルの加水分解は完全に進行し，引き続くアセタール化については，ポリビニルアルコールに含まれるヒドロキシ基の30%が反応し，分子間でアセタール化は起こらないものとする。

問5　下線部(c)の熱硬化性樹脂に当てはまる最も適切な化合物名を次の語群から2つ選び答えよ。

語群

尿素樹脂　　ポリエチレン　　メタクリル樹脂　　メラミン樹脂

〈鹿児島大，金沢大〉

GOLDEN ROUTE 1 2 3 GOAL

★★★

合格へのゴールデンルート

GR 1 平均分子量＝繰り返し単位の式量×(　　)
GR 2 アセタール化は2個の(　　)基と1個のホルムアルデヒドからH_2Oがとれる反応。
GR 3 樹脂の分類は鎖状構造か(　　)構造で区別しよう。

49 ゴム

解答目標時間：15分

問 次の文を読み，下の問いに答えよ。ただし，原子量はH＝1.0，C＝12，Br＝80とする。

ゴムノキを傷つけると樹皮から流出する白い乳液が得られる。この白い乳液がラテックスであり，酸を加えて沈殿させたのち，これを乾燥させたものが天然ゴムである。天然ゴムはイソプレンが重合した構造をもち特有の弾性(ゴム弾性)を示すが，化学的にも機械的にも弱く，また長期間保存すると次第にゴム弾性を失って劣化する。

一方，天然ゴムに(　ア　)を数パーセント加えて加熱すると(　イ　)構造が生じるため，弾性が大きく化学的にも機械的にも強いゴムになる。このような操作を(　ウ　)といい，生じたゴムを弾性ゴムという。また，天然ゴムに(　ア　)を30～40%加えて長時間加熱すると(　エ　)という黒色の硬い物質ができる。

合成ゴムは天然ゴムより耐油性，耐老化性，耐摩耗性，耐熱性などに優れ，用途に応じて様々なものがつくられている。例えば，(1)1,3-ブタジエンC_4H_6を(　オ　)重合させるとブタジエンゴム(BR)ができる。また，(2)スチレンC_8H_8と1,3-ブタジエンC_4H_6を(　カ　)重合させて合成されるスチレン-ブタジエンゴム(SBR)は，自動車のタイヤなどに用いられ，合成ゴムの中では生産量が多い。

問1　(　ア　)～(　カ　)に入る適切な語句を記せ。

問2　下線部(1)に関して，1,3−ブタジエンを(　オ　)重合させるとき，3つの構造が考えられる。この3つの構造をそれぞれ記せ。

問3　下線部(2)にあるようにSBRを合成したところ，SBRを構成しているスチレンと1,3−ブタジエンの物質量の比は，1：4であった。このSBR 8 gを臭素と反応させると，何gの臭素が消費されると考えられるか。なお，臭素はベンゼン環とは反応せず，すべての臭素がSBRに反応したものとする。

〈藤田医科大〉

★★★

合格へのゴールデンルート

GR1　天然ゴムはポリイソプレン構造で(シス形／トランス形)。

GR2　SBRの計算では，(　　)とブタジエンの繰り返し単位に分けて考えてみよう。

50　イオン交換樹脂

解答目標時間：10分

問

化合物Aを(　ア　)させると，鎖状の高分子化合物であるポリスチレンが生成する。これは(　イ　)樹脂に分類される。一方，化合物Aに少量の*p*−ジビニルベンゼンを加えて(　ウ　)させると，部分的に架橋され，立体網目構造を有する高分子化合物Bが生成する。Bを濃硫酸で処理すると(　エ　)が起こる。これを純水で十分に洗浄すると，高分子化合物Cが得られる。

十分な量の高分子化合物Cを円筒型のガラス管(カラム)に充填した。この上部から濃度不明の硫酸銅(Ⅱ)水溶液20 mLと十分な量の純水を流すと，無色透明の①流出液が得られた。この流出液を中和するためには，2.0×10^{-1} mol/Lの水酸化ナトリウム水溶液20 mLが必要であった。このことから，硫酸銅(Ⅱ)水溶液の濃度は(　オ　) mol/Lと求まる。

問1　化合物Aの構造式を記せ。

問2　(　ア　)〜(　エ　)に入る最も適切な語句を次の　あ〜け　の中から選び，その記号を記せ。

あ　付加重合　　い　縮合重合　　う　共重合　　え　開環重合
お　ジアゾ化　　か　ニトロ化　　き　スルホン化　　く　熱硬化性
け　熱可塑性

問3　下線部①の流出液の一部をとり，それに塩化バリウム水溶液を加えたときの変化として適切なものを，次の a～d より 1 つ選び，記号で記せ。

a　水溶液が青色に着色する。　　b　白色沈殿が生じる。
c　黒色沈殿が生じる。　　d　気体が発生する。

問4　(　オ　)に入る適切な数値を有効数字 2 桁で記せ。

〈岡山大〉

★★★

合格へのゴールデンルート

GR 1　イオン交換樹脂の基本構造は(　　)と *p*-ジビニルベンゼンの共重合体。

GR 2　陽イオン交換樹脂をつめたカラムに Cu^{2+} を 1 mol 含む水溶液を加えると，流出液に H^{+} が(　　) mol 含まれる。

GOLDEN ROUTE

ゴールデンルート

大学入試問題集

化学

化学基礎・化学

CHEMISTRY

松原隆志　河合塾講師

KADOKAWA

はじめに　INTRODUCTION

みなさんこんにちは，河合塾化学科の松原隆志です。自分にあった参考書や問題集を選ぶのは大変で，とくに問題集を選ぶのは自分自身の経験で苦労しました（家には化学の問題集だけで何冊もありました）。問題集を買うときに，「問題が多くて全部できるかなぁ」や「問題が解けるかどうか不安」と思ったことはありませんか？　この**ゴールデンルート化学［基礎編］**は，みなさんのその不安を解消できればと思って作りました。

まず，本書の基礎編は問題数を重要な 50 題に絞って，最後までしっかり解き切ることができることを前提にして，また基本的な知識，計算の確認ができることを重点に置いています。このあとの使い方で説明しますが，この問題集がほかの問題集と大きく違うポイントは GR（ゴールデンルート）というものです。ぜひ，この問題集をしっかり解くことで，化学の成績をアップさせていきましょう。

本書の有効的な使い方

本書は「問題編」と「解答編」に分かれています。各問題には少し短めに設定した解答目標時間が書いています。**時間をはかってやってみましょう**。このとき，時間は次の 2 つを意識してはかってみてください。

① 解答時間内にどこまで解答できたか。
② 解答できる問題をすべて解くまでにかかった時間。

①については，「早く，正確に解く」というテストを意識した練習になります。あとは，早く解くことで，急いでいるときにミスが出てしまう人はミスが出やすいときのパターンがわかります。そのパターンを本書やノートなどにまとめておいて，出やすい場面で少し意識をするだけでずいぶんと改善されていきます。

②については，解答時間をかなりオーバーしてしまった問題は，理解がおおまかにはできているけど，まだしっかりと定着できていない単元ということがわかります。時間のかかった問題は，最後まで解答できる

ように繰り返し解いてみましょう。

つぎに，わからなかった問題については，問題の下にある**「合格へのゴールデンルート」を見てみましょう**。ここでは，問題を解くヒントを書いています。ただ，文章中に空欄（　　）があるものは，何だろうって推測してみましょう。そこで思い出したら，もう一度解けなかった問題に取り組んでみてください。

ひと通り問題を解いたら，解答編で答えを確認してみてください。ここで，解答を確認した後に，とくにやって欲しいことを次に挙げます。

◎ 答えがあっていたものについて

みなさんが解いたものと，解説に書いているものをよく比べてみてください。解説の方が理解しやすければ，よく読んだ後に，その方法で解けるかどうか試してください。

◎ 答えが間違っていたものについて

計算の過程で「どの考え方」が間違っていたのか，なぜそのように考えてしまったのかを，解答編にメモしておきましょう。また，計算問題などでは，考え方が間違え始めたところをマーカーなどできちんとチェックしておきましょう。**実はその部分がみなさんの成績が一番上がるポイントです**。その部分をしっかり確認したら，読むだけ（インプットするだけ）では定着しないので，いったん解答編を見ずに自力でノートに書いて（アウトプットの作業）みましょう。そうすることで，しっかりと解答できる力がついてきます。

さいごに

本書の刊行にあたり，山﨑英知様をはじめとした㈱ KADOKAWA のみなさま，また様々な方々からご意見を頂きました。本当にありがとうございます。

河合塾講師　**松原隆志**

GR

本書の特長と使い方

この本は、問題編（別冊）と解答編に分れています。

別冊

問題編

まずは、基礎力を高める問題を解こう

QUESTION

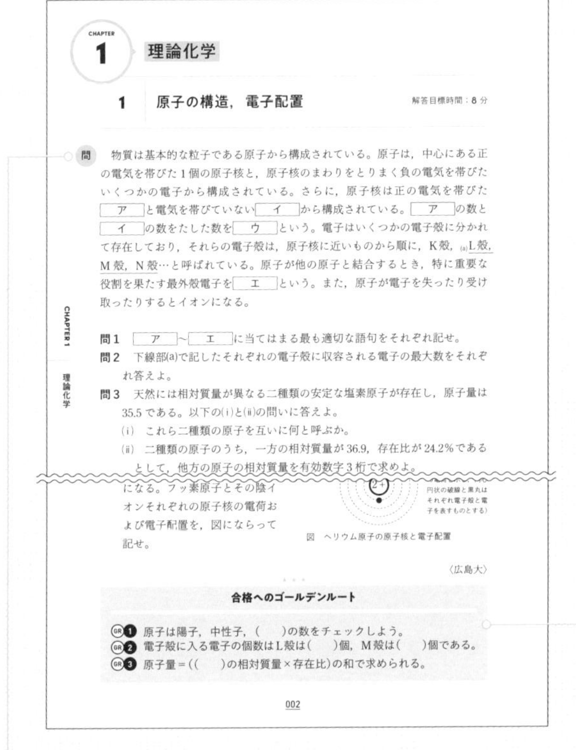

CHAPTER 1 理論化学

1 原子の構造，電子配置　解答目標時間：8分

問　物質は基本的な粒子である原子から構成されている。原子は，中心にある正の電気を帯びた1個の原子核と，原子核のまわりをとりまく負の電気を帯びたいくつかの電子から構成されている。さらに，原子核は正の電気を帯びた［ア］と電気を帯びていない［イ］から構成されている。［ア］の数と［イ］の数をたした数を［ウ］という。電子はいくつかの電子殻に分かれて存在しており，それらの電子殻は，原子核に近いものから順に，K殻，(a)L殻，M殻，N殻…と呼ばれている。原子が他の原子と結合するとき，特に重要な役割を果たす最外殻電子を［エ］という。また，原子が電子を失ったり受け取ったりするとイオンになる。

問1　［ア］～［エ］に当てはまる最も適切な語句をそれぞれ記せ。
問2　下線部(a)で記したそれぞれの電子殻に収容される電子の最大数をそれぞれ答えよ。
問3　天然には相対質量が異なる二種類の安定な塩素原子が存在し，原子量は35.5である。以下の(i)と(ii)の問いに答えよ。
(i)　これら二種類の原子を互いに何と呼ぶか。
(ii)　二種類の原子のうち，一方の相対質量が36.9，存在比が24.2%であるとして，他方の原子の相対質量を有効数字3桁で求めよ。

になる。フッ素原子とその陰イオンそれぞれの原子核の電荷および電子配置を，図にならって記せ。

図　ヘリウム原子の原子核と電子配置

〈広島大〉

合格へのゴールデンルート

GR1　原子は陽子，中性子，（　　）の数をチェックしよう。
GR2　電子殻に入る電子の個数はL殻は（　　）個，M殻は（　　）個である。
GR3　原子量＝((　　)の相対質量×存在比)の和で求められる。

002

掲載問題

入試に最低限必要な基礎力を固めるための50題をセレクトしました。最後まで挫折せずに終えることができるよう，ヒントの形でポイントがつかめる工夫をしています。本書は，教科書の節末問題・章末問題や傍用問題集で，どう解いたからよいかが身についていない人に最適な問題集です。

合格へのゴールデンルート

問題を解くときにポイントになる事項が書かれています。解答や解き方が思い浮かばなかったら，このGRにある空欄を埋めてみましょう。この空欄を埋めることで，科学用語や公式・法則など，忘れていたことがきちんと定着できます。次に解くときにはこのGRを見ないで，解答目標時間内で解くように演習しましょう。

「ゴールデンルート」とは

入試頻出テーマを最小限の問題数で効率よく理解することで，合格への道筋が開ける。

本冊

解答編

問題が解けたら、解答・解説を読んでよく理解しよう

ANSWER

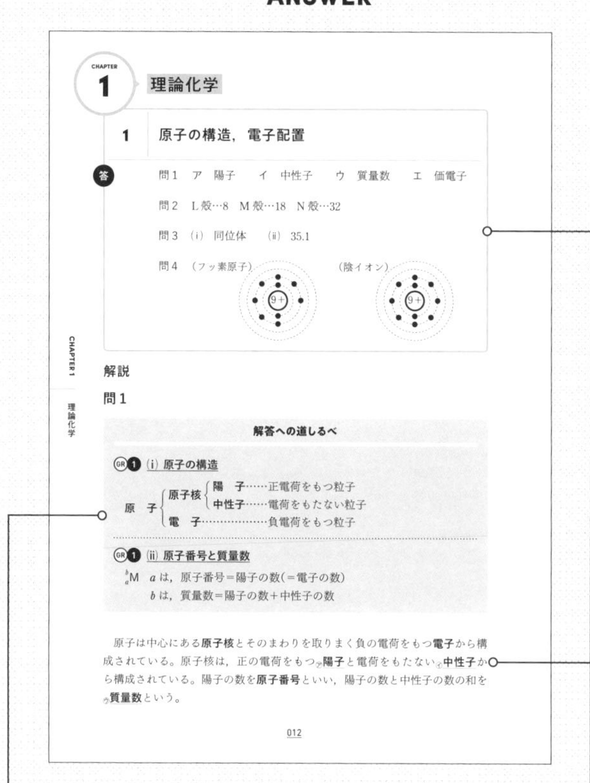

解答への道しるべ

GRで提示された内容について端的にまとめています。基礎レベルだからこそ，身につけておくべき重要事項については，きちんと理解しておきましょう。このまとめは，類似問題を演習するときにも役に立つ情報です。

解答・解説

「解答への道しるべ」に書かれている内容を踏まえて，問題の着眼点，考え方・解き方をていねいに解説しています。また，単に答えがあっているかどうかをチェックするのではなく，正解に至るまでのプロセスが正しいかどうかも含めて，1つずつチェックしてください。模範解答はオーソドックスなものばかりなので，ここで基礎をしっかり固めましょう。

GOLDEN ROUTE

化学

化学基礎・化学

基礎編

大学入試問題集
ゴールデンルート

解答編

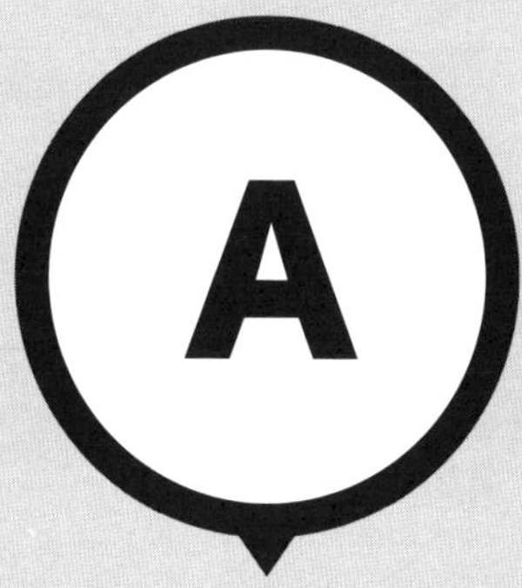

ANSWER

1 » 50

目次・チェックリスト

化学［化学基礎・化学］

基礎編

チェックリストの使い方

解けた問題には○，最後まで解けたけど，解答に間違えがあれば△，途中までしか解けなかったら×，完璧になったら✓など，自分で決めた記号で埋めていきましょう。

CHAPTER 1 理論化学

1 原子の構造，電子配置

答

問1　ア　陽子　　イ　中性子　　ウ　質量数　　エ　価電子

問2　L殻…8　M殻…18　N殻…32

問3　(i)　同位体　　(ii)　35.1

問4　(フッ素原子)

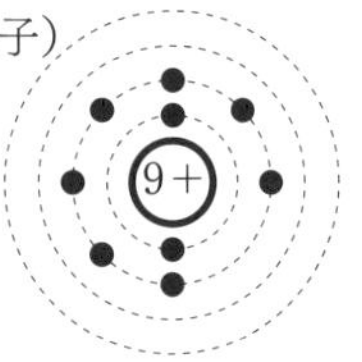

(陰イオン)

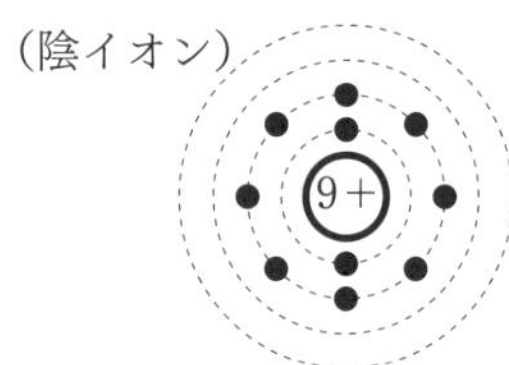

解説

問1

解答への道しるべ

GR 1 (i) 原子の構造

原　子 ┤ 原子核 ┤ **陽　子**……正電荷をもつ粒子 / **中性子**……電荷をもたない粒子
　　　　 電　子………………負電荷をもつ粒子

GR 1 (ii) 原子番号と質量数

$^{b}_{a}\mathrm{M}$　a は，原子番号＝陽子の数(＝電子の数)
　　b は，質量数＝陽子の数＋中性子の数

原子は中心にある**原子核**とそのまわりを取りまく負の電荷をもつ**電子**から構成されている。原子核は，正の電荷をもつ㋐**陽子**と電荷をもたない㋑**中性子**から構成されている。陽子の数を**原子番号**といい，陽子の数と中性子の数の和を㋒**質量数**という。

18族元素の貴ガスの電子配置が安定なので，原子は最も外側の電子殻(最外殻)の電子を放出したり，電子を受け取ったりして貴ガスの電子配置をとろうとする。このとき，化学結合に関与する電子を㋓**価電子**という。

問2

K殻は2個，L殻は8個，M殻は18個，N殻は32個の電子が入る。

GR 2 (i) 収容電子数

電子はいくつかの電子殻に分かれて存在しており，それらの電子殻は原子核に近いものから順にK殻，L殻，M殻，N殻……と呼ばれ，それぞれの電子殻に入る電子の最大数は$2(=2\times1^2)$個，$8(=2\times2^2)$個，$18(=2\times3^2)$個，$32(=2\times4^2)$個，……。すなわち，原子核に近いほうからn番目の電子殻には$2n^2$個の電子が入る。

GR 2 (ii) 最外殻電子

最も外側の電子殻を**最外電子殻(最外殻)**といい，その最外殻に入る電子を**最外殻電子**という。最外殻がK殻のときは最大2個，その他では最大8個の電子が入る。18族元素(貴ガス元素)では，最外殻が最大数の電子で満たされており，安定な電子配置となっている。

問3

GR 3 (i) 同位体

原子番号が等しく，質量数が異なる原子を互いに**同位体**という。

GR 3 (ii) 原子量

原子量＝(同位体の相対質量×存在比)の和

(i) 原子番号が等しく，質量数が異なる原子どうしを互いに**同位体**という。同位体は互いに質量数が異なるために，相対質量が異なる。

(ii) 原子量は，「**同位体の相対質量×存在比**」**の和**で表される。求める原子の相対質量をxとする。存在比は$100-24.2=75.8\%$である。よって，原子量35.5より，次式が成り立つ。

$$35.5 = 36.9 \times \frac{24.2}{100} + x \times \frac{75.8}{100} \qquad x = 35.05 \fallingdotseq 35.1$$

問4

フッ素原子Fは最外殻に7個の電子をもち，電子1個を受け取ってフッ化物イオンF^-となると，貴ガスのネオンNeと同じ電子配置となり，安定になる。

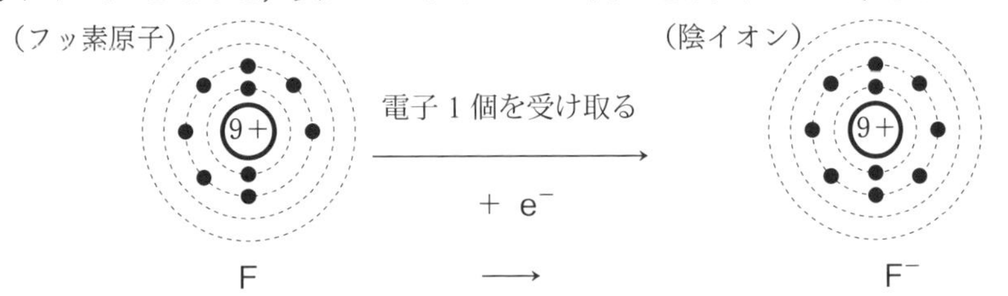

2 周期表，周期律

答

問1　同族元素

問2　(1)　K　(2)　1　(3)　Kr　(4)　0

問3　貴ガス　問4　最大　He　最小　K

問5　(1)　電子親和力　(2)　17　(3)　(ア)，(エ)

解説

問1

解答への道しるべ

GR 1 (i) 周期表

周期表は，原子番号の順に元素を並べ，性質が似たものが縦に並ぶように組んだ表で，縦の列を**族**，横の行を**周期**という。

周期表の同じ族に属する元素を**同族元素**という。

元素を原子番号の順に並べ，性質が似たものを縦に並ぶように組んだ表を**周期表**という。周期表の同じ族に属している元素を**同族元素**という。

問2

GR 1 (ii) **同族元素**

アルカリ金属元素…H を除く 1 族元素(Li，Na，K，Rb，Cs，Fr)
アルカリ土類金属元素…Be，Mg を除く 2 族元素(Ca，Sr，Ba，Ra)
※Be，Mg を含めることもある。
ハロゲン元素…17 族元素(F，Cl，Br，I)
貴ガス元素…18 族元素(He，Ne，Ar，Kr，Xn，Rn)

第 4 周期で 1 族元素はカリウム(1)**K** であり価電子の数は(2)**1**。18 族元素はクリプトン(3)**Kr** であり価電子の数は(4)**0** である。

問3

18 族元素は，**貴ガス**元素，H を除く 1 族元素はアルカリ金属元素，Be，Mg を除く 2 族元素はアルカリ土類金属元素，17 族元素はハロゲン元素と呼ばれる(なお，Be，Mg をアルカリ土類金属元素に含めることもある)。

問4

GR 2 **イオン化エネルギー**

原子から電子 1 個を取り去り 1 価の陽イオンとするときに必要なエネルギーI〔kJ/mol〕を**イオン化エネルギー**という。熱化学方程式では，次のように表される。

$$\mathrm{M}(気) = \mathrm{M}^{+}(気) + \mathrm{e}^{-} - I〔\mathrm{kJ}〕$$

周期表で同じ周期の元素の原子では原子番号が大きくなるほど，同族元素では原子番号が小さくなるほど，イオン化エネルギーは大きくなる傾向がある。

原子番号 1〜20 までの元素の原子のうち，イオン化エネルギーが最大となるものは周期表の右上にあるヘリウム **He**，最小のものは周期表の左下にあるカ

2 周期表、周期律

リウム K となる。

問5

GR 3 電子親和力

原子が電子1個を受け取って1価の陰イオンになるときに放出するエネルギーE〔kJ/mol〕を**電子親和力**という。熱化学方程式では，次のように表される。

$$\mathrm{X}(気) + e^- = \mathrm{X}^-(気) + E〔kJ〕$$

電子親和力が大きい原子ほど陰イオンになりやすく，同じ周期では，ハロゲン元素の原子の電子親和力が最大となる。

⑴，⑶ 原子が電子1個を受け取って1価の陰イオンになるときに放出するエネルギーを**電子親和力**という。(ア)電子親和力が大きい原子ほど陰イオンになりやすい。

また，電子親和力を表す熱化学方程式の右辺と左辺を入れかえると，

$$\mathrm{X}^-(気) = \mathrm{X}(気) + e^- - E〔kJ〕$$

となり，(エ)1価の陰イオンから電子1個を取り去るのに必要なエネルギーと大きさは等しい。

⑵ 電子親和力は，同じ周期の元素の原子であれば，原子番号が多いほど大きくなる傾向がある。また，貴ガスの原子は安定な電子配置なので，電子を受け取ったとしてもエネルギーは放出しないので，18族を除いて考える。よって，電子親和力が最も大きい原子は17族に属する。

3 化学結合

答

問1 ア 陰 イ 陽 ウ 価電子 エ 共有電子 オ 水素

問2 F 問3 MgO 問4 Li > Na > K

問5 CH_4，CO_2 問6 (a) 臭素 (b) フッ化水素

解説

問1

解答への道しるべ

GR 1 電気陰性度

電気陰性度は，原子が電子を引きつける強さの尺度を表し，電気陰性度の大きい原子ほどより電子を強く引きつける。貴ガス(18族元素)を除き，同一周期では原子番号が大きいほど，同族元素では原子番号が小さいほど，電気陰性度は大きくなる傾向がある。

NaCl では，電気陰性度の小さいナトリウム Na が電子を放出してナトリウムイオン Na^+(㋑**陽**イオン)に，塩素 Cl が電子を受け取って塩化物イオン Cl^-(㋐**陰**イオン)になり，Na^+ と Cl^- が**クーロン力**によって結びつく。この結合を**イオン結合**といい，イオン結合によって多数つながった結晶を**イオン結晶**という。

$$Na \longrightarrow Na^+ + e^-$$
$$Cl + e^- \longrightarrow Cl^-$$

金属元素の原子は，電気陰性度が小さいので，原子のもつ㋒**価電子**は特定の原子に束縛されず，結晶全体を自由に動き回る。金属原子のこの価電子を特に**自由電子**といい，結合を**金属結合**という。

非金属元素の原子は電気陰性度が大きいので，結合する2個の原子が互いに価電子を出し合い，電子対を形成する。この電子対を㋓**共有電子対**という。なお，結合に関係していない電子対を**非共有電子対**という。

分子間力には，ファンデルワールス力や㋔**水素結合**がある。水素結合を形成すると，沸点は分子量から推定される値と比べて異常に高くなる。

問2

電気陰性度は，周期表で貴ガスを除く，右上に位置する元素の原子が大きいので，最も大きな値をもつ原子は，フッ素 F。

問3

GR 2 (i) **クーロン力**

イオン結合は，陰陽イオンの価数が大きいほど，またイオン間の距離が小さいほどクーロン力は強くなる。同じ結晶格子であれば，クーロン力が強いほどイオン結晶の融点は高くなる。

イオン結合は，陰陽イオンの価数が大きいほど，またイオン間の距離が小さいほど強くなり，イオン結晶の融点は高くなる。MgO，NaCl，KCl では，それぞれのイオンの貴ガス型の電子配置とイオンの価数の積は次のように表される。

	陽イオン	陰イオン	価数の積	結合
MgO	Mg^{2+}(Ne)	O^{2-}(Ne)	$2 \times 2 = 4$	強(融点高)
NaCl	Na^{+}(Ne)	Cl^{-}(Ar)	$1 \times 1 = 1$	↕
KCl	K^{+}(Ar)	Cl^{-}(Ar)	$1 \times 1 = 1$	弱(融点低)

CHAPTER 1 理論化学

問4

GR 2 (ii) **金属結晶の単体の融点**

金属原子とその周りを動く自由電子との引力が強いほど金属結合は強くなり，同じ結晶格子であれば，金属単体の融点は高くなる。よって，価電子の数が同じ場合は，原子半径が小さいほど，結晶の融点は高くなる。

金属結合は，原子の大きさが小さいほど，自由電子(価電子)が多いほど強くなる。よって，アルカリ金属元素の金属結晶の融点を比べる場合は，価電子の数は等しいので，原子の大きさ(原子半径)が小さいほど，高くなる。よって，融点は Li ＞ Na ＞ K の順となる。

問5

GR 3 (i) **分子の極性**

1. 結合の極性…電気陰性度の差
2. 分子の形

この2つから考える。

(a) Cl_2 は結合に極性がない無極性分子である。(b) HCl や(d) NH_3 は次のように，H−Cl 結合，H−N 結合に極性があり，さらに分子全体としても極性が打ち消されないので，極性分子である。

(c) CH_4，(e) CO_2 は C−H 結合，C=O 結合には極性があるが，CH_4 は正四体体，CO_2 は直線形であり分子全体では極性が打ち消されるので，無極性分子である。

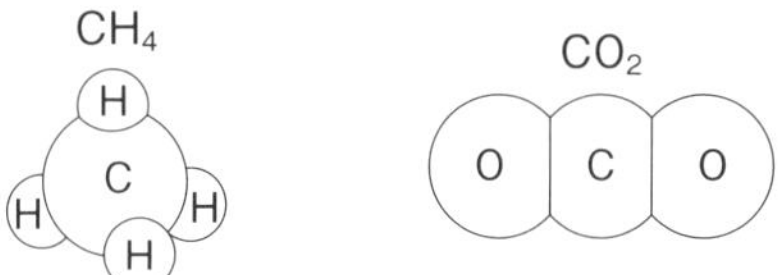

問6

GR 3 (ii) **沸点の比較**

1. 無極性分子の場合は，分子量が大きくなるとファンデルワールス力が大きくなり，沸点が高くなる。
2. 同程度の分子量の分子では，ファンデルワールス力は，極性分子＞無極性分子となり，極性分子のほうが沸点は高い。
3. HF，H_2O，NH_3 など**分子間で水素結合を形成する分子は，分子量から推定される沸点より，著しく沸点が高い。**

(a) F_2，Cl_2，Br_2 はいずれも無極性分子であり，分子量が大きいほどファンデルワールス力が大きくなるので，沸点は高くなる。F，Cl，Br はいずれも

3 化学結合

17 族元素(ハロゲン元素)であり，原子量は $F < Cl < Br$ の順なので，分子量は $F_2 < Cl_2 < Br_2$ となる。よって，最も沸点の高いものは臭素となる。

(b) ハロゲン化水素 HF，HCl，HBr は，HF が分子間で水素結合を形成するので，HCl や HBr と比べて沸点が高くなる。よって，フッ化水素となる。

4　化学量

問 1　(1)　2.7×10^{-23} g　(2)　8.0 mol　(3)　2.0 g　(4)　72

問 2　(1)　0.25 mol　(2)　$C_3H_8 + 5O_2 \longrightarrow 3CO_2 + 4H_2O$

(3)　28 L　(4)　17 L　(5)　18 g

解説

問 1

解答への道しるべ

GR 1 物質量

ある物質 X について，

X が 1 mol ＝ X が 6.0×10^{23} 個 ＝ X の質量は M_X〔g〕

＝ X の標準状態での体積は 22.4 L

(X が分子，原子，それ以外であれば，M_X はそれぞれ分子量，原子量，式量を表す)

(1)　CH_4 の分子量は 16 より，$\dfrac{16}{6.0 \times 10^{23}} = 2.66 \times 10^{-23} \fallingdotseq 2.7 \times 10^{-23}$ g

(2)　メタン 32 g の物質量は，$\dfrac{32}{16.0} = 2.0$ mol

1 分子のメタン CH_4 は 1 個の炭素 C と 4 個の H からなるので，これを反応式で表すと，$CH_4 \longrightarrow C + 4H$

よって，1 分子の CH_4 には 4 個の H が含まれるので，2.0 mol の CH_4

に含まれる H は $2.0 \times 4 = 8.0$ mol

(3) 0.50 mol の CH_4 に含まれる H は，$0.50 \times 4 = 2.0$ mol
よって，H(原子量 1.0)の質量は，$1.0 \times 2.0 = 2.0$ g

(4) 分子 1 個の質量が 1.2×10^{-22} g なので，1 mol の分子の質量は，
$$1.2 \times 10^{-22} \times 6.0 \times 10^{23} = 72 \text{ g}$$
また，分子量に g の単位をつけたものが分子 1 mol の質量(モル質量)となるので，求める分子の分子量は 72。

問 2

GR 2 反応式の考え方（完全燃焼のとき）

C，H，O からなる化合物の完全燃焼では，生成物は CO_2，H_2O となる。

1. まず，焼やすものの係数を 1 として反応式を書く。
2. 両辺の C，H の数が等しくなるように，CO_2，H_2O の係数を決める。
3. 両辺の O の数が等しくなるように，O_2 の係数を決める。
4. 係数が分数のときは，整数倍して，係数を整数にする。

GR 3 化学反応式と量的関係

化学反応式の係数比＝物質量比(モル比)

(1) 11.0 g のプロパン C_3H_8（分子量 44)の物質量は，$\dfrac{11.0}{44} = 0.25$ mol

(2) C_3H_8 の完全燃焼では，CO_2 と H_2O が生成する。C_3H_8 の係数を 1 とおく。
$$1C_3H_8 + aO_2 \longrightarrow bCO_2 + cH_2O$$
C 原子の数は両辺で等しいので，$1 \times 3 = b \times 1 \quad \therefore \quad b = 3$
H 原子の数は両辺で等しいので，$1 \times 8 = c \times 2 \quad \therefore \quad c = 4$
O 原子の数は両辺で等しいので，$a \times 2 = 3 \times 2 + 4 \times 1 \quad \therefore \quad a = 5$
よって，$C_3H_8 + 5O_2 \longrightarrow 3CO_2 + 4H_2O$

(3) 0.25 mol の C_3H_8 と反応する O_2 の物質量は，$0.25 \times 5 = 1.25$ mol
よって，標準状態での体積は，$22.4 \times 1.25 = 28$ L

(4) 0.25 mol の C_3H_8 が反応して生成する CO_2 の物質量は，
$$0.25 \times 3 = 0.75 \text{ mol}$$
標準状態での体積では，$22.4 \times 0.75 = 16.8 \fallingdotseq 17$ L

4 化学量

(5) 0.25 mol の C_3H_8 が反応して生成する H_2O の物質量は，

$0.25 \times 4 = 1.0$ mol

よって，生成した H_2O(分子量 18)の質量は，$18 \times 1.0 = 18$ g

5 結晶(1)

答

問1 A 体心立方格子 B 面心立方格子(立方最密構造)

C 六方最密構造

問2 A 2 B 4 問3 1.3×10^{-8} cm

問4 1.1×10^{-22} g 問5 9.4 g/cm^3

解説

問1，2

解答への道しるべ

GR 1 金属の結晶格子

名称	**体心立方格子**	**面心立方格子(立方最密構造)**	**六方最密構造**
原子数	**2個**	**4個**	2個
配位数	**8個**	**12個**	12個
充填率	68%	74%(最密)	74%(最密)

結晶構造の名称と，単位格子に含まれる原子数は，次の表のようになる。

	A	B	C
問1 名称	体心立方格子	面心立方格子(立方最密構造)	六方最密構造
問2 原子数	2個	4個	(2個)

A(体心立方格子)では，単位格子に含まれる原子の数は，頂点部分に$\frac{1}{8} \times 8$ $+$ 立方体の中心に1個だから，合計2個。

B(面心立方格子)では，単位格子に含まれる原子の数は，頂点部分に$\frac{1}{8} \times 8$ $+$ 面の中心に$\frac{1}{2} \times 6$個だから，合計4個。

なお，C(六方最密構造)では，問題文の六角柱あたり6個の原子が含まれ，この六角柱は単位格子3個分だから，単位格子に含まれる原子の数は，$6 \times \frac{1}{3}$ $= 2$個と求めることができる。

問3

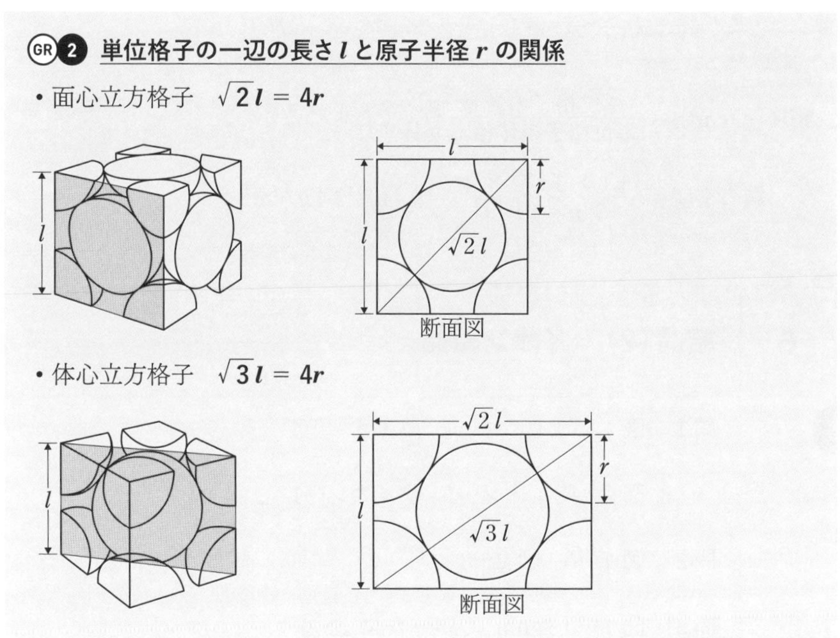

B(面心立方格子)の一辺の長さをl〔cm〕，原子の半径をr〔cm〕とすると，$\sqrt{2}\,l = 4r$の関係が成り立つので，銅の結晶の単位格子の一辺の長さlが3.6×10^{-8} cmだから，原子半径rは，

$$r = \frac{\sqrt{2}}{4}l = \frac{1.41}{4} \times 3.6 \times 10^{-8} = 1.26 \times 10^{-8} \fallingdotseq 1.3 \times 10^{-8}\ \text{cm}$$

5 結晶(1)

問4

銅原子1個の質量は，$\dfrac{63.5}{6.0 \times 10^{23}} = 1.05 \times 10^{-22} \fallingdotseq 1.1 \times 10^{-22}$ g

問5

GR 3 結晶の密度

密度を d〔g/cm^3〕，原子量 M，アボガドロ定数を N_A〔mol^{-1}〕，単位格子の一辺の長さを l〔cm〕，単位格子に含まれる原子数を n〔個〕とすると，

$$d = \frac{\text{単位格子の質量〔g〕}}{\text{単位格子の体積〔cm}^3\text{〕}} = \frac{\frac{M}{N_A} \times n}{l^3} = \frac{nM}{N_A l^3}$$

密度〔g/cm^3〕$= \dfrac{\text{単位格子の質量〔g〕}}{\text{単位格子の体積〔cm}^3\text{〕}}$で表されるから，

$$\text{銅の密度} = \frac{1.1 \times 10^{-22} \times 4}{(3.6 \times 10^{-8})^3} = 9.44 \fallingdotseq 9.4\ \text{g/cm}^3$$

6 結晶(2) イオン結晶

答

問1 図1 陽イオン…4 陰イオン…4

図2 陽イオン…1 陰イオン…1

問2 図1…6 図2…8

問3 図1…0.58 nm 図2…0.40 nm

問4 NaCl：2.0 g/cm^3 CsCl：4.5 g/cm^3

解説

問1

解答への道しるべ

GR❶ イオン結晶の単位格子

名称	NaCl 型	CsCl 型
粒子数	陽イオン：**4** 個 陰イオン：**4** 個	陽イオン：**1** 個 陰イオン：**1** 個
配位数	**6** 個	**8** 個

図 1 の NaCl 型結晶の単位格子について，○の Cl^- は金属の単位格子の面心立方格子の配列なので陰イオンの Cl^- は 4 個。●の陽イオン Na^+ は立方体の線分の中心に $\frac{1}{4} \times 12 +$ 立方体の中心に 1 個だから合計 4 個。図 2 の CsCl 型結晶の単位格子について，●の陽イオン Cs^+ は立方体の中心に 1 個であり，○の陰イオン Cl^- は立方体の頂点部分に $\frac{1}{8} \times 8 = 1$ 個。

問2

図 1 の中心の● Na^+ に隣接する○ Cl^- は次のようになり，配位数は 6 である。また，図 2 の● Cs^+ に隣接する○ Cl^- は次のようになり，配位数は 8 である。

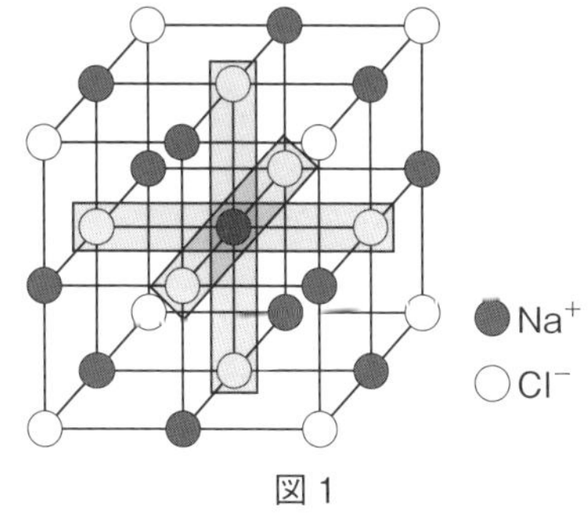

図 1

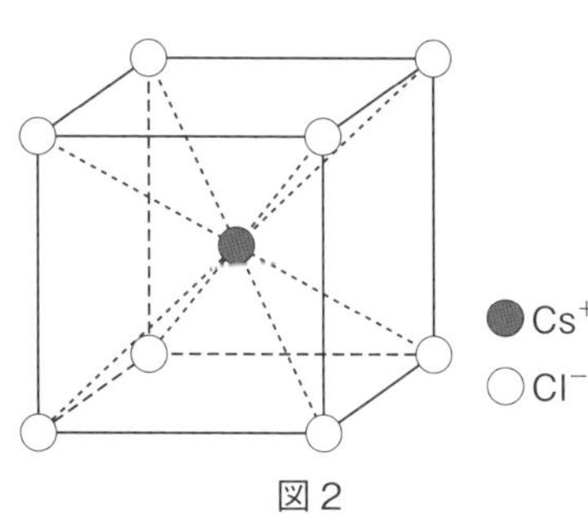

図 2

問3

GR 2 イオン結晶の単位格子の一辺の長さ l と陽イオンの半径 r_+，陰イオンの半径 r_- との関係

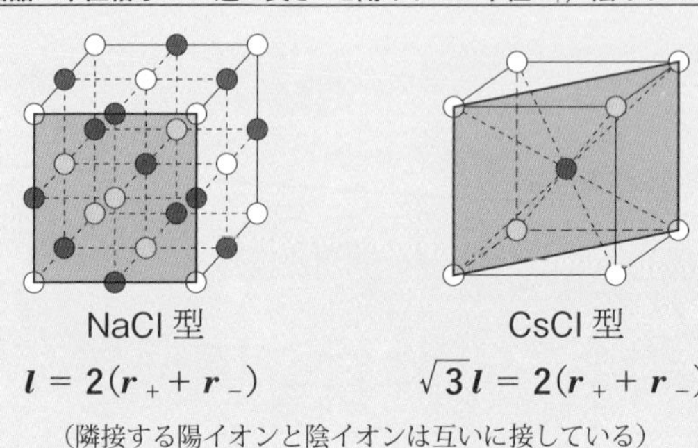

（隣接する陽イオンと陰イオンは互いに接している）

陽イオンの半径を r_+〔nm〕，陰イオンの半径を r_-〔nm〕とすると，図 1 の単位格子の一辺の長さ l〔nm〕は次式で表される。

$$l = 2(r_+ + r_-) = 2(0.12 + 0.17) = 0.58\ \text{nm}$$

また，図 2 の単位格子の一辺の長さ L〔nm〕は次式で表される。

$$\sqrt{3}L = 2(r_+ + r_-) = 2(0.18 + 0.17) = 0.70\ \text{nm}$$

$$\therefore \quad L = \frac{\sqrt{3}}{3} \times 0.70 = 0.396 \fallingdotseq 0.40\ \text{nm}$$

問4

GR 3 結晶の密度を計算するときの注意点

単位格子の体積を求めるとき，一辺の長さを nm 単位で与えられている場合に注意。

$$1\ \text{nm} = 1 \times 10^{-9}\ \text{m} = 1 \times 10^{-7}\ \text{cm}$$

単位格子内に NaCl は 4 個含まれるので，

NaCl の密度は，$\dfrac{\dfrac{58.5}{6.0 \times 10^{23}} \times 4}{(0.58 \times 10^{-7})^3} = 1.99 \fallingdotseq 2.0\ \text{g/cm}^3$

単位格子内に CsCl は 1 個含まれるので，

CsCl の密度は，$\dfrac{\dfrac{168.5}{6.0 \times 10^{23}} \times 1}{(0.396 \times 10^{-7})^3} = 4.52 \fallingdotseq 4.5\ \text{g/cm}^3$

CHAPTER 1 理論化学

7　熱化学(1)

答

問1　CH_4(気) + $2O_2$(気) = CO_2(気) + $2H_2O$(液) + 891 kJ

問2　①　硝酸ナトリウムの水への溶解熱

②　メタンの生成熱

③　(塩酸と水酸化ナトリウム水溶液の)中和熱

問3　1302 kJ

解説

問1

解答への道しるべ

GR 1 熱化学方程式の書き方の注意点

1. 物質の状態(固体，液体，気体)，同素体の種類をきちんと書く。
2. 基準となる物質の係数を1とする。生成熱であれば生成物，燃焼熱であれば燃焼させる物質，溶解熱であれば溶解させる物質など。
3. 発熱反応であれば+，吸熱反応であれば−の符号をつけて反応熱を右辺の最後に書く。
4. 「⟶」を「=」に変える。

メタンの完全燃焼の化学反応式は次式で表される。

$$CH_4 + 2O_2 \longrightarrow CO_2 + 2H_2O$$

ここで，化学反応式から熱化学方程式に変えるときには，物質の状態(固体，液体，気体)や同素体の種類をきちんと書き加えること，反応熱は右辺の最後に書くことなどに注意して，次式で表される。

CH_4(気) + $2O_2$(気) = CO_2(気) + $2H_2O$(液) + 891 kJ

問2

GR 2 おもな反応熱

1. **生成熱**…成分元素の単体から生成物 1 mol を作るとき出入りする熱。
2. **燃焼熱**…物質 1 mol を完全燃焼したときに発生する熱。
3. **中和熱**…水溶液中で，H^+ 1 mol と OH^- 1 mol の中和によって発生する熱。
4. **溶解熱**…物質 1 mol を多量の溶媒に溶解したときに出入りする熱。

① 固体の硝酸ナトリウム $NaNO_3$ 1 mol を多量の水に溶解させたとき，20.5 kJ の吸熱反応が起こることを表している。よって，硝酸ナトリウムの水への**溶解熱**を表す熱化学方程式である。

$NaNO_3$(固) + aq = $NaNO_3$ aq − 20.5 kJ

② 単体である黒鉛と水素 H_2 から，1 mol のメタン CH_4(気)が生じるとき，74.9 kJ の発熱反応が起こることを表している。よって，メタンの**生成熱**を表す熱化学方程式である。

C(黒鉛) + $2H_2$(気) = CH_4(気) + 74.9 kJ

③ 塩酸(HCl の水溶液)と水酸化ナトリウム NaOH 水溶液を中和して塩化ナトリウム NaCl 水溶液と 1 mol の水が生じるとき，56.5 kJ の発熱反応が起こることを表している。よって，(塩酸と水酸化ナトリウム水溶液の)**中和熱**を表す熱化学方程式である。

HCl aq + NaOH aq = NaCl aq + H_2O(液) + 56.5 kJ

問3

GR 2 反応熱の計算（生成熱，燃焼熱）

反応熱は，「反応物のもつエネルギーの総和」と「生成物のもつエネルギーの総和」の差が反応熱となる。反応物の生成熱の総和を x〔kJ〕，生成物の生成熱の総和を y〔kJ〕とすると，反応熱 Q〔kJ〕は，$Q = y - x$ で表される。

このとき，$Q > 0$（$x < y$）のとき発熱反応，$Q < 0$（$x > y$）のとき吸熱反応となる。

H_2O(液)，CO_2(気)，C_2H_2(気)の生成熱はそれぞれ 286 kJ/mol，394 kJ/mol，− 228 kJ/mol であり，反応熱＝「生成物の生成熱の総和」−「反応物の生成熱の

総和」より，

$$Q = 394 \times 2 + 286 \times 1 - (-228 \times 1) = 1302\ \mathrm{kJ}$$

8 熱化学(2)

答

問1　$C_3H_8(気) + 5O_2(気) = 3CO_2(気) + 4H_2O(液) + 2148\ \mathrm{kJ}$

問2　$H_2O(液) = H_2O(気) - 44\ \mathrm{kJ}$

問3　368 kJ/mol　　問4　622 kJ/mol

解説

問1

C_3H_8 の燃焼熱は 2148 kJ より，熱化学方程式は次式で表される。

$$C_3H_8(気) + 5O_2(気) = 3CO_2(気) + 4H_2O(液) + 2148\ \mathrm{kJ} \quad \cdots\cdots①$$

問2

解答への道しるべ

GR 1 状態変化に伴う反応熱

エネルギーは低いほうから，固体，液体，気体となるので，固体→液体→気体となる。**融解熱**，**蒸発熱**は**吸熱反応**となる。

高
エネルギー
低
気体
蒸発熱
液体
融解熱
固体

蒸発熱は，液体 1 mol を蒸発させて気体にするときに必要なエネルギーなので，蒸発は吸熱反応である。よって，求める熱化学方程式は，

$$H_2O(液) = H_2O(気) - 44\ \mathrm{kJ} \quad \cdots\cdots②$$

8 熱化学(2)

問3

GR 2 **結合エネルギー**

結合1molを切るときに必要なエネルギー

(例) H−H結合の結合エネルギーは432kJ/mol

H_2(気)+432kJ=2H(気)

よって, H_2(気)=2H(気)−432kJ

GR 3 **(i) 反応熱の計算 (結合エネルギーを含む)**

反応熱は, 反応物のもつエネルギーの総和と生成物のもつエネルギーの総和の差が反応熱となる。反応物の結合エネルギーの総和を x〔kJ〕, 生成物の結合エネルギーの総和を y〔kJ〕とすると,

反応熱 Q〔kJ〕は, $Q = y - x$ で表される。

このとき, $Q > 0$ ($x < y$) のとき発熱反応, $Q < 0$ ($x > y$) のとき吸熱反応となる。

GR 3 **(ii) 結合エネルギーの問題の注意点**

結合エネルギーを考えるときに分子の状態には注意が必要で, 固体や液体では分子間力がはたらくので, 結合エネルギーの計算では必ず気体状態で考えること。

①式+②式×4より,

C_3H_8(気)+$5O_2$(気)=$3CO_2$(気)+$4H_2O$(気)+1972kJ

表中の結合エネルギーと, 求めるC−C結合の結合エネルギーを x〔kJ/mol〕とすると, 結合エネルギーは結合を切るために必要なエネルギーなのであえて, 左辺に加えるエネルギーとして方程式を書くと, それぞれ次のようになる。

C_3H_8(気)+($x \times 2 + 411 \times 8$) kJ=3C(気)+8H(気)

O_2(気)+494kJ=2O(気)

CO_2(気)+799×2kJ=C(気)+2O(気)

H_2O(気)+459×2kJ=2H(気)+O(気)

反応熱=「生成物の結合エネルギーの総和」−「反応物の結合エネルギーの総和」より,

$$1972 = (\underbrace{3 \times 799 \times 2}_{3\times CO_2(気)} + \underbrace{4 \times 459 \times 2}_{4\times H_2O(気)}) - (\underbrace{x \times 2 + 411 \times 8}_{1\times C_3H_8(気)} + \underbrace{5 \times 494}_{5\times O_2(気)})$$

$\therefore\ x = 368\ \mathrm{kJ/mol}$

問4

エチレンのC=C結合の結合エネルギーを y〔kJ/mol〕とすると,

$C_2H_4(気) + (y + 411 \times 4)\ \mathrm{kJ} = 2C(気) + 4H(気)$

$H_2(気) + 432\ \mathrm{kJ} = 2H(気)$

$C_2H_6(気) + (368 + 411 \times 6)\ \mathrm{kJ} = 2C(気) + 6H(気)$

よって,

$$136 = (\underbrace{368 + 411 \times 6}_{1\times C_2H_6(気)}) - (\underbrace{y + 411 \times 4}_{1\times C_2H_4(気)} + \underbrace{432}_{1\times H_2(気)}) \quad \therefore\ y = 622\ \mathrm{kJ/mol}$$

9　酸塩基(1)

答

問1　A　水素イオン(H^+)　B　水酸化物イオン(OH^-)

C　水酸化物イオン(OH^-)　D　水素イオン(H^+)

E　酸　F　水素イオン(H^+)　G　塩基

問2　$NH_4^+ + OH^-$　問3　1.0×10^{-7}

問4　(1)　塩基　(2)　酸

問5　(1)　塩基性　(2)　酸性　(3)　中性　(4)　酸性

問6　0.50 mol/L

解説

問1，2

解答への道しるべ

GR 1 酸，塩基の定義

（i）**アレーニウスの定義**

酸…水溶液中で H^+ を放出する物質

塩基…水溶液中で OH^- を放出する物質

（ii）**ブレンステッド・ローリーの定義**

酸…H^+ を与える物質

塩基…H^+ を受け取る物質

硝酸 HNO_3 や酢酸 CH_3COOH など酸は，水溶液中で次のように電離して $_A$**水素イオン H^+** を生じる。

$$HNO_3 \longrightarrow H^+ + NO_3^-$$

$$CH_3COOH \rightleftarrows CH_3COO^- + H^+$$

また，水酸化ナトリウム NaOH，水酸化カリウム KOH，アンモニア NH_3 は，水溶液中で次のように電離して $_{B,\ C}$**水酸化物イオン OH^-** を生じるので塩基である。

$$NaOH \longrightarrow Na^+ + OH^-$$

$$KOH \longrightarrow K^+ + OH^-$$

$$NH_3 + H_2O \rightleftarrows {}_{ア}\mathbf{NH_4^+ + OH^-}$$

アンモニア NH_3 と塩化水素 HCl の反応は，次のように考えることができる。

$$HCl \longrightarrow H^+ + Cl^-$$

$$NH_3 + H^+ \longrightarrow NH_4^+$$

ここで，ブレンステッド・ローリーの定義より，HCl は NH_3 に $_D$**H^+** を与えているので，HCl は $_E$**酸**としてはたらいている。また，NH_3 は $_F$**H^+** を受け取って NH_4^+ となっているので，NH_3 は $_G$**塩基**としてはたらいていることがわかる。上の2つの式をまとめたものは次式となる。

$$HCl + NH_3 \longrightarrow NH_4Cl$$

問3

GR 2 (i) 水のイオン積

純水は水溶液中でわずかに電離する。

$H_2O \rightleftarrows H^+ + OH^-$

このとき，25℃では，$[H^+] = [OH^-] = 1.0 \times 10^{-7}$ mol/L となり，$K_W = [H^+][OH^-] = 1.0 \times 10^{-14}$ $(mol/L)^2$ が成り立つ。この K_W を**水のイオン積**といい，水溶液では常に成り立つ。

純粋な水は，わずかに電離して等しいモル濃度の H^+ と OH^- を生じるが，25℃でその値は，$[H^+] = [OH^-] =$ イ**1.0×10^{-7}** mol/L となる。

問4

GR 2 (ii) 塩の加水分解

水溶液中で，弱酸が電離した陰イオンや弱塩基が電離した陽イオンが，水と反応する現象を**加水分解**といい，加水分解が起こると水溶液中の$[H^+]$と$[OH^-]$が等しくならないので，水溶液は酸性または塩基性を示す。

(1) $CH_3COO^- + H_2O \rightleftarrows CH_3COOH + OH^-$

CH_3COO^-は，H^+を受け取って CH_3COOH となるので，**塩基**としてはたらいている。

(2) $NH_4^+ + H_2O \rightleftarrows NH_3 + H_3O^+$

NH_4^+は，H^+を放出して NH_3 となるので，NH_4^+は**酸**としてはたらいている。

問5

(1) $NaHCO_3$ を水に溶かすと，次のように電離する。

$NaHCO_3 \longrightarrow Na^+ + HCO_3^-$

HCO_3^-は H_2CO_3（炭酸，弱酸）が電離したイオンなので，次式のように加水分解して OH^-を生じるので，水溶液は塩基性を示す。

$HCO_3^- + H_2O \rightleftarrows H_2CO_3 + OH^-$

(2) NH_4NO_3 を水に溶かすと，次のように電離する。

$NH_4NO_3 \longrightarrow NH_4^+ + NO_3^-$

NH_4^+はNH_3（弱塩基)から生じたイオンなので，次式のように加水分解してH_3O^+を生じるので，水溶液は塩基性を示す。

$NH_4^+ + H_2O \rightleftarrows NH_3 + H_3O^+$

(3) NaCl を水に溶かすと，次のように電離する。

$NaCl \longrightarrow Na^+ + Cl^-$

この水溶液で，Na^+，Cl^-ともに加水分解しないので，水溶液は中性を示す。

(4) $NaHSO_4$を水に溶かすと，次のように電離する。

$NaHSO_4 \longrightarrow Na^+ + HSO_4^-$

HSO_4^-は次のように電離してH^+を生じるので，水溶液は酸性を示す。

$HSO_4^- \rightleftarrows H^+ + SO_4^{2-}$

問6

GR 3 中和反応の量的関係

酸の価数をn_1，モル濃度をC_1〔mol/L〕，体積をv_1〔mL〕，塩基の価数をn_2，モル濃度をC_2〔mol/L〕，体積をv_2〔mL〕とすると，次の関係が成り立つ。

$$\frac{n_1 C_1 v_1}{1000} = \frac{n_2 C_2 v_2}{1000}$$

求める水溶液 A のH_2SO_4の濃度をx〔mol/L〕とすると，滴定に用いた水溶液 B の濃度は，

$$x \times \frac{10.0}{50.0} = \frac{x}{5} \text{〔mol/L〕}$$

H_2SO_4は2価の酸であり，NaOH は1価の塩基なので，中和反応は次式で表される。

$H_2SO_4 + 2NaOH \longrightarrow Na_2SO_4 + 2H_2O$

よって，中和反応の量的関係は，

$$2 \times \frac{x}{5} \times \frac{20.0}{1000} = 1 \times 0.10 \times \frac{40.0}{1000} \qquad \therefore \quad x = 0.50 \text{ mol/L}$$

10 酸塩基(2)

答

問1 (1) 12 mol/L (2) 4.2 mL

問2 実験１ D 実験２ B 実験３ F

問3 実験１ (ウ) 実験２ (イ) 実験３ (ア)

解説

問1

解答への道しるべ

GR 1 溶液の濃度

$$モル濃度(mol/L) = \frac{溶質(mol)}{溶液(L)}$$

$$質量モル濃度(mol/kg) = \frac{溶質(mol)}{溶媒(kg)}$$

$$質量パーセント濃度(\%) = \frac{溶質(g)}{溶液(g)} \times 100$$

また $1\ mL = 1\ cm^3$

(1) 濃塩酸 1 L（= 1000mL)の質量は，密度が $1.2\ g/cm^3$ より，

$$1.2 \times 1000 = 1200\ g$$

この中に含まれる HCl の質量は，

$$1200 \times \frac{36}{100} = 12 \times 36\ g$$

したがって，物質量は，$\dfrac{12 \times 36}{36.5} = 11.8 \fallingdotseq 12\ mol$

求めるモル濃度は，12 mol/L

(2) 求める体積を v〔mL〕とすると，

$$11.8 \times \frac{v}{1000} = 0.10 \times \frac{500}{1000} \qquad \therefore \quad v = 4.23 \fallingdotseq 4.2\ mL$$

10 酸塩基(2)

問2

GR 2 滴定曲線の選び方

1. 酸に塩基を滴下している(このときは pH 変化は小→大)，塩基に酸を滴下している(このときの pH 変化は大→小)のどちらかを確認する。
2. 中和点で塩の水溶液が何性を示すかを考える。
3. 強酸，強塩基を用いた場合は，中和点付近の pH ジャンプが大きい。

実験 1 は，強塩基の NaOH に強酸の HCl を滴下しているので，pH は塩基性から酸性に変化し，さらに中和点は NaCl 水溶液だから中性なので，D。

実験 2 は，弱酸の CH_3COOH に強塩基の NaOH を滴下しているので，pH は酸性から塩基性に変化し，さらに中和点は CH_3COONa 水溶液だから塩基性なので，B。

実験 3 は，弱塩基の NH_3 に強酸の HCl を滴下しているので，pH は塩基性から酸性に変化し，さらに中和点は NH_4Cl 水溶液だから酸性なので，F。

問3

GR 3 指示薬の選び方

指示薬の変色域で pH が大きく変化しているものを選ぶ。

フェノールフタレインであれば，$pH < 8.0$ で無色，$9.8 < pH$ で赤色。

メチルオレンジでは，$pH < 3.1$ で赤色，$4.4 < pH$ で黄色。

よって，

1. 中和点が塩基性側であれば，フェノールフタレイン
2. 中和点が酸性側にあればメチルオレンジ
3. 中和点が中性で，強酸と強塩基の中和滴定であればフェノールフタレイン，メチルオレンジの両方

実験 1 のグラフ D，実験 2 のグラフ B，実験 3 のグラフ F のそれぞれに，フェノールフタレイン，メチルオレンジの変色域を加えると次のようになる。pH が急激に変化している部分の中点が中和点であり，この急激に変化している部分に変色域が入る指示薬は滴定に用いることができる。

実験１（D）　　　　実験２（B）　　　　実験３（F）

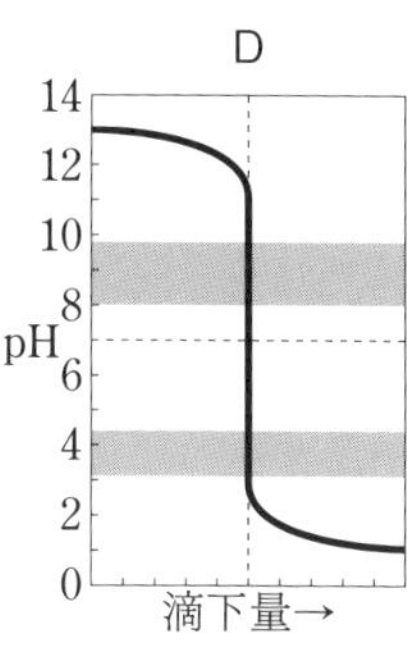

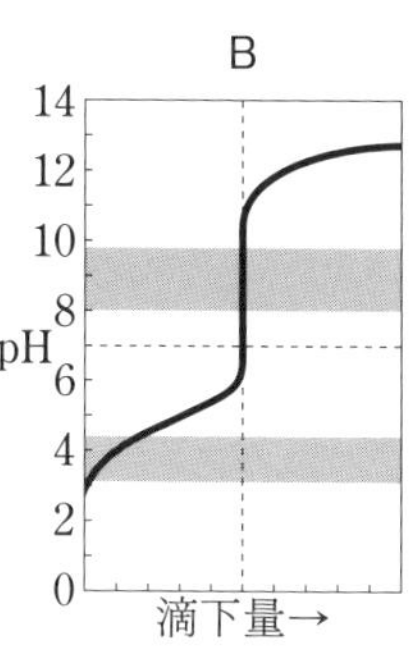

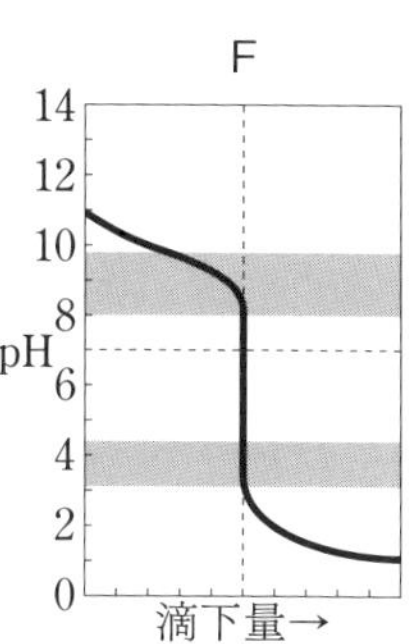

よって，実験１では，フェノールフタレイン，メチルオレンジともに使うことができるので，ウ。実験２では，フェノールフタレインは使うことができるがメチルオレンジは使うことができないので，イ。さらに，実験３では，フェノールフタレインは使うことができないが，メチルオレンジは使うことができるので，ア。

11　酸化還元(1)

答

問１　(1)　0　　(2)　-2　　(3)　-1　　(4)　$+6$　　(5)　$+7$

(6)　$+2$

問２　(a)　$H_2O_2 + 2H^+ + 2e^- \longrightarrow 2H_2O$

(b)　$2I^- \longrightarrow I_2 + 2e^-$

問３　$H_2O_2 + 2I^- + 2H^+ \longrightarrow I_2 + 2H_2O$

問４　$2KMnO_4 + 5H_2O_2 + 3H_2SO_4$
$\longrightarrow K_2SO_4 + 2MnSO_4 + 8H_2O + 5O_2$

解説

問1

解答への道しるべ

GR 1 酸化数

1. 単体の酸化数は0
2. イオンの酸化数は，イオンの価数に陽イオンでは＋，陰イオンでは－をつけたもの。
3. 化合物中の原子の酸化数の総和は0
4. 多原子イオンの原子の酸化数の総和は，イオンの価数に陽イオンでは＋，陰イオンでは－をつけたもの。
5. 化合物中の水素原子の酸化数は＋1。
6. 化合物中の酸素原子の酸化数は－2(ただし，H_2O_2 など，過酸化物の酸素原子は－1)。

(1) 単体中の原子の酸化数は，0

(2) 化合物中の酸素原子の酸化数は，－2

(3) 過酸化水素 H_2O_2 など過酸化物中の酸素原子の酸化数は，－1

(4) $(+1)\times 2 + x + (-2)\times 4 = 0$ ∴ $x = +6$

(5) $x + (-2)\times 4 = -1$ ∴ $x = +7$

(6) 単原子イオンの酸化数は，価数に正負をつけたものになる。よって，＋2

問2

GR 2 半電池反応のつくり方

1. 酸化数の変化する原子の数を両辺で等しくする。
2. 両辺の酸素原子の数を合わせるために，少ない方に H_2O を加える。
3. 両辺の水素原子の数を合わせるために，少ない方に H^+ を加える。
4. 両辺の電荷を合わせるために，e^- を加える。

(a) H_2O_2 が酸化剤としてはたらくと，H_2O に変化するので，酸化数が変化するO原子の数を合わせる。

$H_2O_2 \longrightarrow 2H_2O$

次に，H^+を加えて，両辺の H 原子の数を合わせる。

$H_2O_2 + 2H^+ \longrightarrow 2H_2O$

最後に，両辺の電荷を電子 e^-を用いて合わせる。

$H_2O_2 + 2H^+ + 2e^- \longrightarrow 2H_2O$

(b) KIは水に溶けて K^+とI^-に電離し，I^-が還元剤としてはたらくとI_2に変化するので，I原子の数を合わせる。

$2I^- \longrightarrow I_2$

次に，両辺の電荷を電子 e^-を用いて合わせる。

$2I^- \longrightarrow I_2 + 2e^-$

問3

問２で求めた(a)，(b)の反応式を加えると，((a)+(b))，

$H_2O_2 + 2H^+ + 2I^- \longrightarrow I_2 + 2H_2O$

問4

GR 3 半反応式から，イオン反応式，化学反応式のつくり方

1. 酸化剤，還元剤の半反応式をそれぞれ整数倍して，電子 e^-の数を合わせ足して，イオン反応式をつくる。
2. 反応に用いた試薬を確認して，イオン反応式の左辺のイオンを元の試薬に戻し，加えたイオンを両辺に加える。

硫酸酸性で $MnO_4{}^-$が酸化剤としてはたらくとき，Mn^{2+}に変化するので，電子を含むイオン反応式は次の①式で表される。

$MnO_4{}^- + 8H^+ + 5e^- \longrightarrow Mn^{2+} + 4H_2O$ ……①

また，H_2O_2 が還元剤としてはたらくとき，O_2 に変化するので，電子を含むイオン反応式は次の②式で表される。

$H_2O_2 \longrightarrow O_2 + 2H^+ + 2e^-$ ……②

①式×２＋②式×５より，この反応のイオン反応式は次式で表される。

$2MnO_4{}^- + 5H_2O_2 + 6H^+ \longrightarrow 2Mn^{2+} + 8H_2O + 5O_2$

両辺に，$2K^+$，$3SO_4{}^{2-}$を加えると，化学反応式が得られる。

$2KMnO_4 + 5H_2O_2 + 3H_2SO_4 \longrightarrow K_2SO_4 + 2MnSO_4 + 8H_2O + 5O_2$

12　酸化還元(2)

答

問1　$2KMnO_4 + 3H_2SO_4 + 5H_2C_2O_4$
$\longrightarrow 2MnSO_4 + 8H_2O + 10CO_2 + K_2SO_4$

問2　加えた $KMnO_4$ の赤紫色が消えなくなったところを滴定の終点とする。

問3　1.5×10^{-2} mol/L　　問4　④

解説

問1

過マンガン酸カリウム $KMnO_4$ が酸化剤としてはたらく反応は次式で表される。

$$MnO_4^- + 8H^+ + 5e^- \longrightarrow Mn^{2+} + 4H_2O \quad \cdots\cdots(1)$$

また，シュウ酸 $H_2C_2O_4$ が還元剤としてはたらく反応は，次式で表される。

$$H_2C_2O_4 \longrightarrow 2CO_2 + 2H^+ + 2e^- \quad \cdots\cdots(2)$$

(1)式× 2 +(2)式× 5 より，

$$2MnO_4^- + 6H^+ + 5H_2C_2O_4 \longrightarrow 2Mn^{2+} + 8H_2O + 10CO_2$$

両辺に $2K^+$，$3SO_4^{2-}$を加えて，

$$2KMnO_4 + 3H_2SO_4 + 5H_2C_2O_4 \longrightarrow 2MnSO_4 + 8H_2O + 10CO_2 + K_2SO_4$$

問2

解答への道しるべ

GR 1　過マンガン酸塩滴定の終点の判断

この滴定は，指示薬を使わない。酸化剤として使う $KMnO_4$ 水溶液の赤紫色の変化がポイント。

1. 滴定の始めから**当量点**(酸化剤と還元剤が過不足なく反応した点)までは，滴下した $KMnO_4$ 水溶液の赤紫色が消える。
2. 当量点を過ぎる(未反応の $KMnO_4$ が溶液中にわずかに残る)と滴下し

たKMnO$_4$水溶液の赤紫色が消えないので，消えなくなった点を滴定の**終点**(反応が完結したことを判定できる点)とする。

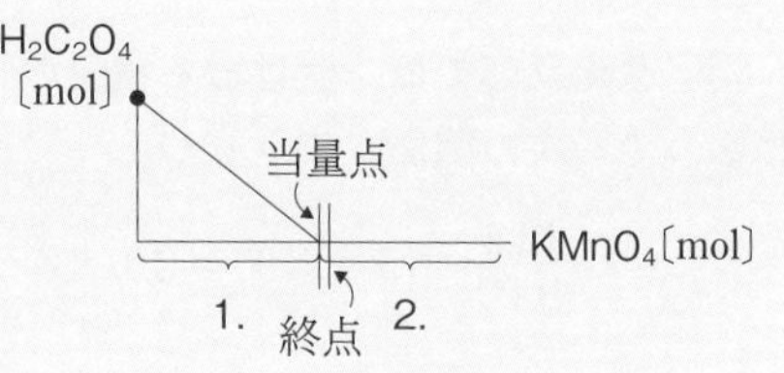

この滴定の反応は問1より，

$$2\underline{KMnO_4} + 3H_2SO_4 + 5H_2C_2O_4 \longrightarrow 2MnSO_4 + 8H_2O + 10CO_2 + K_2SO_4$$

ここで，下線を引いた$KMnO_4$の水溶液は赤紫色であるが，その他は無色である。($MnSO_4$は水溶液中ではほぼ無色である。)この滴定では，$H_2C_2O_4$に$KMnO_4$を滴下しているので，$H_2C_2O_4$が残っているときは$KMnO_4$が反応するので赤紫色は消えるが，$H_2C_2O_4$がなくなると$KMnO_4$が残って赤紫色が消えなくなる。この点を滴定の終点とする。

問3

GR 2 酸化還元滴定の量的関係

酸化還元反応では，受け取る電子の物質量と放出する電子の物質量が等しくなるので，次の関係が成り立つ。

「酸化剤の物質量×価数＝還元剤の物質量×価数」

問1の反応式より，$KMnO_4$と$H_2C_2O_4$は物質量比2：5で過不足なく反応するので，求める$KMnO_4$のモル濃度をx〔mol/L〕とすると，

$$KMnO_4 : H_2C_2O_4 = 2 : 5 = x \times \frac{13.4}{1000} : 5.00 \times 10^{-2} \times \frac{10.0}{1000}$$

$$\therefore\ x = 1.49 \times 10^{-2} = 1.5 \times 10^{-2}\ \mathrm{mol/L}$$

別解(半反応式を用いる方法)

問1より，酸化剤MnO_4^-と還元剤$H_2C_2O_4$の半反応式は，次のようになる。

$$MnO_4^- + 8H^+ + 5e^- \longrightarrow Mn^{2+} + 4H_2O \quad \cdots\cdots(1)$$

$$H_2C_2O_4 \longrightarrow 2CO_2 + 2H^+ + 2e^- \quad \cdots\cdots(2)$$

(1)式より，MnO_4^-が受け取る電子は，$x \times \dfrac{13.4}{1000} \times 5$〔mol〕

(2)式より，$H_2C_2O_4$ が放出する電子は，$5.00 \times 10^{-2} \times \frac{10.0}{1000} \times 2$ mol

酸化還元反応では，受け取る電子の物質量と放出する電子の物質量が等しくなるので，次の関係が成り立つ。

$$x \times \frac{13.4}{1000} \times 5 = 5.00 \times 10^{-2} \times \frac{10.0}{1000} \times 2 \qquad \therefore \quad x = 1.49 \times 10^{-2}\ \text{mol/L}$$

問4

GR 3 過マンガン酸塩滴定で，硫酸を用いる理由

過マンガン酸塩滴定では，酸性条件にしないと，MnO_2 が生じてしまい，正確に滴定できない。希硫酸は，酸化剤，還元剤としてはたらかないので使用できる。

硫酸の代わりに塩酸を用いると，塩化物イオン Cl^- が還元剤としてはたらくので，MnO_4^- と次式のように反応してしまう。

$$2MnO_4^- + 8H^+ + 10Cl^- \longrightarrow 2Mn^{2+} + 8H_2O + 5Cl_2$$

よって，この滴定において，$H_2C_2O_4$ 以外に還元剤としてはたらく物質が増加するので，正しく滴定できない。

13 金属のイオン化傾向

答

問1 Mg：$Mg + 2H_2O \longrightarrow Mg(OH)_2 + H_2$
Fe：$3Fe + 4H_2O \longrightarrow Fe_3O_4 + 4H_2$

問2 トタン：Zn　ブリキ：Sn　問3 Pb

問4 濃硝酸：$Cu + 4HNO_3 \longrightarrow Cu(NO_3)_2 + 2H_2O + 2NO_2$
希硝酸：$3Cu + 8HNO_3 \longrightarrow 3Cu(NO_3)_2 + 4H_2O + 2NO$

問5 $Cu + 2H_2SO_4 \longrightarrow CuSO_4 + 2H_2O + SO_2$

問6 Al，Fe，Ni

解説

問1

解答への道しるべ

GR 1 金属単体の水との反応性（イオン化傾向）

水の温度が高くなると金属と反応しやすくなる。

1. Li，K，Ca，Na……常温の水と反応して H_2 発生
 （アルカリ金属，アルカリ土類金属）
2. Mg……高温の水（沸騰水）と反応して H_2 発生
3. Al，Zn，Fe……高温の水蒸気と反応して H_2 発生
4. イオン化傾向が Ni～Au……反応しない

Mg はイオン化傾向が大きいので沸騰水と次のように反応する。

$$Mg + 2H_2O \longrightarrow Mg(OH)_2 + H_2$$

また，Fe は Mg よりイオン化傾向が小さいので，高温の水蒸気と次のように反応する。

$$3Fe + 4H_2O \longrightarrow Fe_3O_4 + 4H_2$$

なお，Mg よりイオン化傾向が大きい Na は常温の水と反応する。

$$2Na + 2H_2O \longrightarrow 2NaOH + H_2$$

問2

トタンは鋼板（Fe）の表面に亜鉛 Zn をめっきしたもので，建築材料などに用いられる。

ブリキは鋼板（Fe）の表面にスズ Sn をめっきしたもので，缶詰の容器などに用いられる。

問3

GR 2 金属単体の酸との反応（イオン化傾向）

1. Li〜Sn（水素よりイオン化傾向が大きい）
　：希塩酸，希硫酸と反応して H_2 発生
　※ Pb は希塩酸では $PbCl_2$，希硫酸では $PbSO_4$ の難溶性の塩を形成するので溶解しない。
2. Cu，Hg，Ag：酸化力のある酸（硝酸，熱濃硫酸）と反応して気体発生
　希硝酸のとき，NO（無色）発生
　濃硝酸のとき，NO_2（赤褐色）発生
　熱濃硫酸のとき，SO_2（無色）発生
3. Pt，Au：王水（濃硝酸と濃塩酸を体積比 1：3 で混合）で溶解

イオン化傾向が水素より大きい金属は希塩酸や希硫酸と反応して水素が発生する。しかし，鉛 Pb は希塩酸や希硫酸とは次のようにはじめは次のように反応するが，表面に生じた $PbCl_2$ や $PbSO_4$ は水に難溶なので，反応が進まなくなり，溶解しない。

$$Pb + 2HCl \longrightarrow PbCl_2 + H_2$$
$$Pb + H_2SO_4 \longrightarrow PbSO_4 + H_2$$

問4

硝酸は酸化力のある酸なので，イオン化傾向が水素より小さい Cu や Ag と反応する。このとき，濃硝酸が酸化剤としてはたらくと NO_2 が，希硝酸が酸化剤としてはたらくと NO が発生する（このとき H_2 は発生しない）。

濃硝酸：$Cu + 4HNO_3 \longrightarrow Cu(NO_3)_2 + 2H_2O + 2NO_2$

希硝酸：$3Cu + 8HNO_3 \longrightarrow 3Cu(NO_3)_2 + 4H_2O + 2NO$

問5

熱濃硫酸（加熱した濃硫酸）は酸化力をもつ酸なので，硝酸と同様にイオン化傾向が水素より小さい Cu や Ag と反応して SO_2 が発生する。

銅と熱濃硫酸の反応は次のようになる。

$$Cu + 2H_2SO_4 \longrightarrow CuSO_4 + 2H_2O + SO_2$$

問6

GR 3 不動態

Al, Fe, Ni, Co, Cr などを濃硝酸に加えると，**不動態**を形成し溶解しない。不動態とは，表面にち密な酸化被膜を形成し，内部を保護する状態である。なお，Al を不動態処理したものを「**アルマイト**」といい，表面はち密な Al_2O_3 の膜を形成している。

Au, Pt はイオン化傾向が小さく，王水のみ反応するので，濃硝酸とは反応しない。また，Al, Fe, Ni は濃硝酸とは不動態を形成するので，溶解しない。

14 電池 (1)

答

問1　負極：$Zn \longrightarrow Zn^{2+} + 2e^-$　　正極：$Cu^{2+} + 2e^- \longrightarrow Cu$

問2　②　　問3　(1)　③　　(2)　③

問4　8.0×10^{-3} mol

14 電池 (1)

解説

問1

解答への道しるべ

GR 1 ダニエル型電池

2枚の異なる金属板を電解液に浸して導線でつないだとき，イオン化傾向の大きい金属板が「**負極**」，小さい金属板が「**正極**」となる。

負極は酸化反応が起こり，電子を放出する。

正極は還元反応が起こり，電子を受け取る。

ダニエル型電池では，極板のイオン化傾向が大きいほうが負極となり，電子を放出する酸化反応が起こり，イオン化傾向が小さい正極は溶液中の陽イオンが電子を受け取る還元反応が起こる。両極で起こる反応は，次式で表される。

負極：$Zn \longrightarrow Zn^{2+} + 2e^-$

正極：$Cu^{2+} + 2e^- \longrightarrow Cu$

問2

問1より，亜鉛板は溶解するので，質量は減少する。

問3

GR 2 起電力を大きくする条件（ダニエル型電池）

1. 電極の金属のイオン化傾向の差を大きくする。
2. 電解液の濃度…負極側を薄くする，正極側を濃くする。

(1) 極板の金属のイオン化傾向の差が大きいほど，ダニエル型電池の起電力は大きくなる。よって，負極はZnであり，正極のCuを別の金属板に変えたので，①～③のうち最もイオン化傾向が小さい③ Agを用いたとき，イオン化傾向の差が大きくなるので，起電力は大きくなる。

(2) ダニエル型電池の両極の電極反応は次のようになる。

負極：$Zn \longrightarrow Zn^{2+} + 2e^-$

正極：$Cu^{2+} + 2e^- \longrightarrow Cu$

負極側の電解液中のZn^{2+}のモル濃度が小さいほど，より負極の反応は進みやすくなる。また，正極の反応では，電解液中のCu^{2+}を反応に使うので，正極側の電解液中のCu^{2+}のモル濃度が大きいほど，より正極の反応は進みやすい。よって，$ZnSO_4$水溶液の濃度を薄く，$CuSO_4$水溶液の濃度を濃くすると，より大きな起電力が得られる。

問4

GR 3 電気量

i〔A〕の電流がt〔秒〕流れたときの電気量Q〔C〕は，$Q = i \times t$

また，流れた電子の物質量は，電子の物質量 $= \dfrac{Q\,[\mathrm{C}]}{F\,[\mathrm{C/mol}]} = \dfrac{i \times t}{9.65 \times 10^4}$

4.0 A の電流が 6 分 26 秒(386 秒)流れたので，流れた電子の物質量は，

$$\frac{4.0 \times 386}{9.65 \times 10^4} = 1.6 \times 10^{-2}\ \mathrm{mol}$$

よって，変化した Zn の物質量は，流れた電子の物質量の $\frac{1}{2}$ なので，

$$1.6 \times 10^{-2} \times \frac{1}{2} = 8.0 \times 10^{-3}\ \mathrm{mol}$$

15　電池(2)　鉛蓄電池，燃料電池

答

Ⅰ　問 1　$Pb + PbO_2 + 2H_2SO_4 \longrightarrow 2PbSO_4 + 2H_2O$

問 2　(ア)　酸化　(イ)　還元　(ウ)　白　(エ)　二次(蓄)

問 3　負極…4.8 g　正極…3.2 g

Ⅱ　問 1　負極：$H_2 \longrightarrow 2H^+ + 2e^-$

正極：$O_2 + 4H^+ + 4e^- \longrightarrow 2H_2O$

問 2　232 kJ　　問 3　81％

解説

Ⅰ　問 1

負極の反応(1)式と正極の反応(2)式を足すと，

$$Pb + PbO_2 + 2H_2SO_4 \longrightarrow 2PbSO_4 + 2H_2O$$

問2

解答への道しるべ

GR 1 (i) 鉛蓄電池

鉛蓄電池は，充電が可能な二次電池であり，放電のとき，負極の鉛 Pb は酸化されて $PbSO_4$ に，正極の酸化鉛(Ⅳ)PbO_2 は還元されて $PbSO_4$ に変化し，極板に付着する。

放電時，負極は Pb が $PbSO_4$ に変化するので，Pb の酸化数は 0 から +2 に増加する。よって負極は$_ア$**酸化**される。また，正極は PbO_2 が $PbSO_4$ に変化するので，Pb の酸化数は +4 から +2 に減少する。よって，正極は$_イ$**還元**される。このとき，両極に水に難溶な$_ウ$**白**色の $PbSO_4$ が生成する。鉛蓄電池やリチウムイオン電池など，**充電が可能な電池を**$_エ$**二次電池**(または**蓄電池**)といい，乾電池など充電できない電池を**一次電池**という。

問3

GR 1 (ii) 鉛蓄電池の質量変化

放電時，電子 e^- が 2 mol 移動すると，反応式の係数比 = 物質量比より，
(負極)　Pb が 1 mol(= −207 g)反応し，$PbSO_4$ が 1 mol(= 303 g)生成する。よって，負極の質量変化は，+96 g(= 303 − 207)となる。
(正極)　PbO_2 が 1 mol(= −239 g)反応し，$PbSO_4$ が 1 mol(= 303 g)生成する。よって，正極の質量変化は，+64 g(= 303 − 239)となる。

1.00 A で，2 時間 40 分 50 秒(= 9650 秒)間に流れた電子 e^- の物質量は，

$$\frac{1.00 \times 9650}{9.65 \times 10^4} = 0.10\ \text{mol}$$

負極は，2 mol の電子が流れると，質量は 96 g(SO_4 分)増加するので，

$$96 \times \frac{0.10}{2} = 4.8\ \text{g}$$

正極は，2 mol の電子が流れると，質量は 64 g(SO_2 分)増加するので，

$$64 \times \frac{0.10}{2} = 3.2\ \text{g}$$

Ⅱ　問1

GR 2 燃料電池の電極の反応

負極と正極を合わせた全体の反応は，完全燃焼の反応式で表される。

（負極）　燃料として使われる物質が酸化される。

（例）　$H_2 \longrightarrow 2H^+ + 2e^-$

（正極）　酸素が還元される。

（例）　$O_2 + 4H^+ + 4e^- \longrightarrow 2H_2O$

負極と正極で起こる反応は，水の電気分解($2H_2O \longrightarrow 2H_2 + O_2$)の逆反応と考えてもよい。

リン酸型燃料電池の電極では，それぞれ次のように反応する。

（負極）　$H_2 \longrightarrow 2H^+ + 2e^-$　……(1)

（正極）　$O_2 + 4H^+ + 4e^- \longrightarrow 2H_2O$　……(2)

なお，(1)式×２＋(2)式より，電池全体の反応式は次のようになる。

$$2H_2 + O_2 \longrightarrow 2H_2O$$

燃料電池は，全体の反応が完全燃焼の反応式で表される。

問2

(1)式より，負極で 1.00 mol の水素が反応すると，2.00 mol の電子が流れる。よって，電気エネルギーは，

$$1.20 \times 9.65 \times 10^4 \times 2 \times 10^{-3} = 231.6 \fallingdotseq 232\ \mathrm{kJ}$$

問3

GR 3 エネルギー変換効率

H_2-O_2 型燃料電池のエネルギー変換効率は，

$$\frac{\text{取り出せた電気エネルギー(kJ)}}{H_2\text{の燃焼で生じた熱(kJ)}} \times 100$$

水素の燃焼熱は，286 kJ/mol であり，問２より，1 mol の H_2 が燃料電池で消費されたときに生じる電気エネルギーは 232 kJ より，

$$\frac{232}{286} \times 100 = 81.1 = 81\%$$

16	電気分解

答

問1　A：還元　B：酸化　　問2　ア：(い)　イ：(か)　ウ：(え)

問3　0.56 L

問4　(1)　陰極：$2H^+ + 2e^- \longrightarrow H_2$

陽極：$2H_2O \longrightarrow O_2 + 4H^+ + 4e^-$

(2)　陰極：$2H_2O + 2e^- \longrightarrow H_2 + 2OH^-$

陽極：$2Cl^- \longrightarrow Cl_2 + 2e^-$

(3)　陰極：$Cu^{2+} + 2e^- \longrightarrow Cu$

陽極：$Cu \longrightarrow Cu^{2+} + 2e^-$

解説

問1

解答への道しるべ

GR 1 電気分解の極板

電気分解では，電子が入る電極が「**陰極**」，電子が出る電極が「**陽極**」。「陰極」では，電子が流れ込んでくるので，その電子を水溶液中の陽イオンに渡す。「陽極」では，電子を作り出して，電池の正極に送る。

陰極には電子 e^- が流れ込み，陽極からは電子が流れ出る。よって，陰極では「$_A$**還元**」反応(電子を受け取る反応)が起こり，陽極では「$_B$**酸化**」反応(電子を放出する反応)が起こる。

問 2

GR 2 (i) 陰極の反応（還元反応）

電気分解の陰極では，水溶液中の 2 種類以上の陽イオンが存在するとき，単体のイオン化傾向の小さいほうの陽イオンが電子を受け取る。

陰極での反応は，ア**イオン化傾向**の小さい金属の陽イオンが存在すると，その陽イオンが電子を受け取る。このとき，電極で変化したイオンのイ**物質量**と流れたウ**電気量**は比例する。

問 3

GR 2 (ii) 陽極の反応（酸化反応）

電気分解の陽極の反応は，次の 1.，2. の場合分けをして考える。

1. 陽極が C，Pt のとき……水溶液中の陰イオンから電子を受け取る。
   優先順位（取られやすい順）
   ① Cl^- ＞ ② OH^- ＞ ③ NO_3^-，SO_4^{2-}
   （例：$4OH^- \longrightarrow O_2 + 2H_2O + 4e^-$）
   （水溶液の電気分解では，NO_3^-，SO_4^{2-} は反応しない。）
2. 陽極が C，Pt 以外のとき…陽極板が反応する。
   （例：陽極が銅板のとき $Cu \longrightarrow Cu^{2+} + 2e^-$）

GR 3 電気量

i〔A〕の電流が t〔秒〕流れたときの電気量 Q〔C〕は，$Q = i \times t$

また，流れた電子の物質量は，電子の物質量 $= \dfrac{Q\text{〔C〕}}{F\text{〔C/mol〕}} = \dfrac{i \times t}{9.65 \times 10^4}$

塩化銅(II)水溶液 $CuCl_2$ 水溶液を電極に炭素棒を用いて電気分解する。このとき，水溶液中に存在するイオンは，

$CuCl_2 \longrightarrow$ Cu^{2+} と Cl^-

$H_2O \longrightarrow$ H^+ と OH^-

陽極は炭素だから，水溶液中の陰イオンから電子を取る反応が起こる。

16 電気分解

よって，陽極では，Cl^-が次のように反応する。

$$2Cl^- \longrightarrow Cl_2 + 2e^-$$

流れた電子の物質量は，$\dfrac{1.00 \times (80 \times 60 + 25)}{9.65 \times 10^4} = 5.00 \times 10^{-2}\,\text{mol}$

よって，陽極で発生した塩素 Cl_2 の標準状態における体積は，

$$22.4 \times 5.00 \times 10^{-2} \times \frac{1}{2} = 0.56\,\text{L}$$

問4

(1)～(3)のそれぞれの水溶液の電気分解の電極反応を考える。

(1)　硫酸水溶液中に存在するイオンは，

$$H_2SO_4 \longrightarrow H^+ \quad と \quad SO_4{}^{2-}$$

$$H_2O \longrightarrow H^+ \quad と \quad OH^-$$

陰極は，$2H^+ + 2e^- \longrightarrow H_2$

また，陽極は白金だから，水溶液中の陰イオンから電子を取る反応が起こる。H_2O 由来の OH^-が次のように反応する。

$$4H_2O \longrightarrow 4H^+ + 4OH^-$$

$$\underline{4OH^- \longrightarrow O_2 + 2H_2O + 4e^- \quad (+}$$

$$2H_2O \longrightarrow O_2 + 4H^+ + 4e^-$$

(2)　塩化ナトリウム水溶液中に存在するイオンは，

$$NaCl \longrightarrow Na^+ \quad と \quad Cl^-$$

$$H_2O \longrightarrow H^+ \quad と \quad OH^-$$

陰極では，イオン化傾向は $Na > H_2$ なので，H^+が電子を受け取る。この H^+は H_2O 由来なので，次の反応が起こる。

$$2H_2O \longrightarrow 2H^+ + 2OH^-$$

$$\underline{2H^+ + 2e^- \longrightarrow H_2 \qquad (+}$$

$$2H_2O + 2e^- \longrightarrow H_2 + 2OH^-$$

陽極は炭素だから，水溶液中の陰イオンから電子を取る反応が起こる。Cl^-が次のように反応する。

$$2Cl^- \longrightarrow Cl_2 + 2e^-$$

(3)　硫酸銅(II)水溶液中に存在するイオンは，

$$CuSO_4 \longrightarrow Cu^{2+} \quad と \quad SO_4{}^{2-}$$

$$H_2O \longrightarrow H^+ \quad と \quad OH^-$$

陰極では，イオン化傾向は H_2 > Cu なので，Cu^{2+}が電子を受け取る。

$$Cu^{2+} + 2e^- \longrightarrow Cu$$

陽極は，銅が溶解する。

$$Cu \longrightarrow Cu^{2+} + 2e^-$$

★水溶液の電気分解で知っておきたい反応

・陰極で H^+が選ばれたときの反応式

(1) 水以外の H^+が使えるとき　$2H^+ + 2e^- \longrightarrow H_2$

(2) 水からの H^+しか使えない(H^+が少ない)から，$H_2O(\longrightarrow H^+ + OH^-)$に反応してもらうと考える

$$2H_2O + 2e^- \longrightarrow H_2 + 2OH^-$$

・陽極で OH^-が選ばれたときの反応式

(1) 水以外の OH^-が使えるとき

$$4OH^- \longrightarrow O_2 + 2H_2O + 4e^-$$

(2) 水からの OH^-しか使えない(OH^-が少ない)から，$H_2O(\longrightarrow H^+ + OH^-)$に反応してもらうと考える

$$2H_2O \longrightarrow O_2 + 4H^+ + 4e^-$$

17 気体(1)

答

問1　ア　反比例　　イ　比例　　ウ　状態

問2　(1)　A　　(2)　D　　(3)　E

問3　(1)　1.0 mol　　(2)　1.3×10^5 Pa　　(3)　1.8×10^2 ℃

解説

問1

解答への道しるべ

GR 1 気体の法則

絶対温度 T〔K〕，物質量 n〔mol〕の気体の圧力を P〔Pa〕，体積を V〔L〕，気体定数を R〔Pa･L/(K･mol)〕とする。

1. 理想気体の状態方程式　$PV = nRT$
2. **ボイルの法則**(n，T が一定のとき)　$PV =$ 一定
3. **シャルルの法則**(n，P が一定のとき)　$\dfrac{V}{T} =$ 一定，$V = kT$
4. **ボイル・シャルルの法則**(n が一定のとき)　$\dfrac{PV}{T} =$ 一定

理想気体の物質量が一定のとき，圧力を P〔Pa〕，体積 V〔L〕，絶対温度 T〔K〕とすると，次の関係が成り立つ。

$$\frac{PV}{T} = k \quad (k\text{ は一定値})$$

上の関係式から，体積 V は圧力 P に$_{ア}$**反比例**し，絶対温度 T に$_{イ}$**比例**することがわかる。

また，気体の物質量を n〔mol〕，気体定数を R〔Pa･L/(K･mol)〕とすると，理想気体の$_{ウ}$**状態方程式**は，$PV = nRT$ で表され，この式は両辺を T で割れば，ボイル・シャルルの法則が導かれる。

$$\frac{PV}{T} = nR$$

問2

GR❷ グラフ問題の考え方

1. 縦軸，横軸がどの変数を使っているかを確認して，状態方程式で一定になっているものを $k=$ の形でまとめる。
2. グラフを比較する場合，問題の条件に合わせて k の部分の大小を比較する。

(1) 図1は，圧力 P と体積 V の関係を表しており，その他の条件は変わらないと考えると，状態方程式 $PV = nRT$ より，$nRT = k$ とすると，$PV = k$ と変形でき（ボイルの法則），$V = \dfrac{k}{P}$ となり，反比例のグラフであることがわかる。

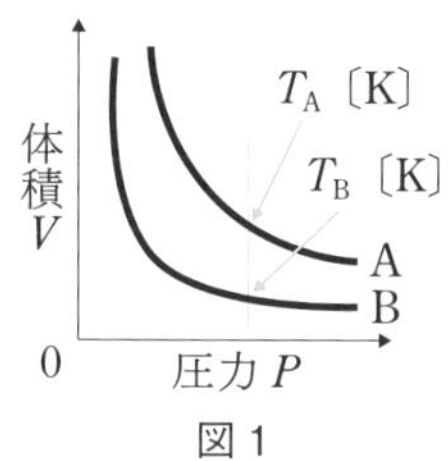

図1

A，B のグラフの k をそれぞれ k_A，k_B とすると，$k_A = nRT_A$，$k_B = nRT_B$ となる。線を引いた同じ圧力ではグラフ B ＜グラフ A だから，$k_B < k_A$ となり，$T_B < T_A$ となる。

(2) 図2は，絶対温度 T と体積 V の関係を表しており，その他の条件は変わらないと考えると，状態方程式 $PV = nRT$ より，$\dfrac{nR}{P} = k$ とすると，$P = kT$ となり（シャルルの法則），比例のグラフであることがわかる。

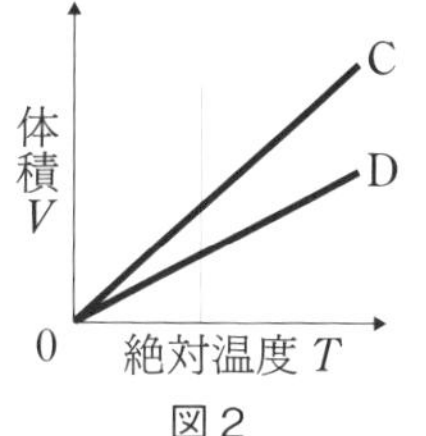

図2

C，D のグラフの k をそれぞれ k_C，k_D とすると，$k_C = \dfrac{nR}{P_C}$，$k_D = \dfrac{nR}{P_D}$ となる。線を引いた同じ温度ではグラフ D ＜グラフ C だから，$k_D < k_C$ となり，k と P は反比例するので，$P_C < P_D$ となる。

(3) 図3は，絶対温度 T と圧力×体積 PV の関係を表しており，その他の条件は変わらないと考えると，状態方程式 $PV = nRT$ より，$k = nR$ とすると，$PV = kT$ となり，比例のグラフであることがわかる。

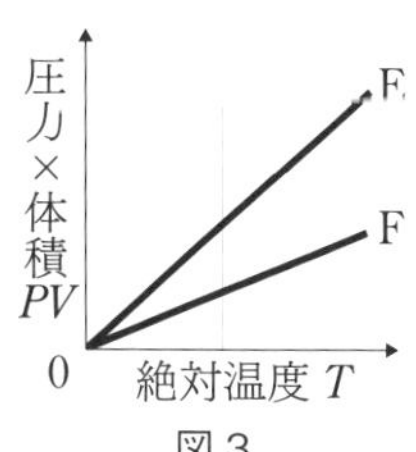

図3

E，F のグラフの k をそれぞれ k_E，k_F とすると，$k_E = n_ER$，$k_F = n_FR$ となる。線を引いた同じ温度ではグラフ F ＜グラフ E だから，$k_F < k_E$ となり，k と n は比例するので，$n_F < n_E$ となる。

問3

(1) CO_2 の物質量を n〔mol〕として，$PV = nRT$ に代入すると，

$$3.0 \times 10^5 \times 8.3 = n \times 8.3 \times 10^3 \times (27 + 273)$$

$$\therefore \quad n = 1.0\,\text{mol}$$

(2) 温度 T，物質量 n が変化していないので，$nRT = k$ と一定で，$PV = k$ が成り立つ(ボイルの法則)。よって，求める圧力を P〔Pa〕とすると，

$$PV = 2.0 \times 10^5 \times 3.0 = P \times 4.5 \qquad \therefore \quad P = 1.33 \times 10^5 \fallingdotseq 1.3 \times 10^5\,\text{Pa}$$

(3) 温度，圧力が変化しているので，ボイル・シャルルの法則より，求める温度を t〔℃〕とすると，

$$\frac{PV}{T} = \frac{1.0 \times 10^5 \times 4.0}{300} = \frac{1.5 \times 10^5 \times 4.0}{273 + t} \qquad \therefore \quad t = 177 \fallingdotseq 1.8 \times 10^2\,℃$$

18 気体(2)

答

問1　全圧　7.0×10^4 Pa　　N_2 の分圧　2.0×10^4 Pa

平均分子量　39

問2　7.5×10^4 Pa　　問3　2.1×10^5 Pa

解説

問1

解答への道しるべ

GR 1 **混合気体の法則**

1. **全圧**…混合気体の示す圧力
   分圧…混合気体と同じ体積を占めると仮定したときの成分気体の圧力
2. 分圧の法則　**全圧 ＝ 分圧の和**
3. **モル分率** ＝ $\frac{\text{成分気体の物質量}}{\text{全物質量}} = \frac{\text{分圧}}{\text{全圧}}$

よって，**分圧 ＝ 全圧 × モル分率**

GR 2 **平均分子量**

混合気体の**平均分子量** M は，$\boldsymbol{M}$ **＝(成分気体の分子量×モル分率)の和**で表される。

温度，物質量が一定のとき PV ＝一定となるので，ボイルの法則が成り立つ。コック C を開くと，CO_2 と N_2 は容器 A と容器 B を自由に移動できるので，CO_2 と N_2 の分圧をそれぞれ P_{CO_2}〔Pa〕，P_{N_2}〔Pa〕とすると，

CO_2 について，$PV = 1.5 \times 10^5 \times 0.50 = P_{CO_2} \times 1.5 \quad \therefore \quad P_{CO_2} = 5.0 \times 10^4$ Pa

N_2 について，$PV = 3.0 \times 10^4 \times 1.0 = P_{N_2} \times 1.5 \quad \therefore \quad P_{N_2} = 2.0 \times 10^4$ Pa

全圧 ＝ 分圧の和より，

全圧 $P = 5.0 \times 10^4 + 2.0 \times 10^4 = 7.0 \times 10^4$ Pa

また，混合気体中では，分圧 ＝ 全圧 × モル分率を変形して，モル分率 ＝ $\dfrac{分圧}{全圧}$ となり，また，平均分子量 M ＝(分子量×モル分率)の和より，

この混合気体の平均分子量は，

$$M = 44 \times \frac{5.0 \times 10^4}{7.0 \times 10^4} + 28 \times \frac{2.0 \times 10^4}{7.0 \times 10^4} = 39.4 \fallingdotseq 39$$

問 2

ピストンの位置を変えないので，体積は 1.5 L のままである。求める全圧を P〔Pa〕とすると，$\dfrac{PV}{T}$ ＝一定なので，

$$\frac{PV}{T} = \frac{7.0 \times 10^4 \times 1.5}{27 + 273} = \frac{P \times 1.5}{50 + 273} \qquad \therefore \quad P = 7.53 \times 10^4 \fallingdotseq 7.5 \times 10^4 \text{ Pa}$$

問 3

温度 27℃で，容器 B の気体をすべて容器 A に押し込んだので，気体の体積は 0.50 L となる。求める圧力を P〔Pa〕とすると，ボイルの法則より，

$PV = 7.0 \times 10^4 \times 1.5 = P \times 0.50 \quad \therefore \quad P = 2.1 \times 10^5$ Pa

19 気体(3)　物質の三態

答

Ⅰ　問1　A　融解　　B　蒸気圧　　C　固　　D　気

E　液　　F　臨界点　　G　昇華　　H　凝固

I　蒸発　　J　凝縮

問2　水…(i)　　二酸化炭素…(ii)　　問3　三重点

問4　超臨界流体

Ⅱ　問1　$P_{\mathrm{M}} = 1.0 \times 10^4$ Pa，$P_{\mathrm{O}} = 4.0 \times 10^4$ Pa，$P = 5.0 \times 10^4$ Pa

問2　3.4×10^4 Pa

解説

Ⅰ

解答への道しるべ

GR 1 状態図

状態図は，ある温度，ある圧力で，物質の状態が固体，液体，気体のいずれとして存在しているかを示したもの。

融解曲線…固体と液体の境界線(例外，水の場合，傾きが負となる)

蒸気圧曲線…液体と気体の境界線

昇華圧曲線…固体と気体の境界線

曲線上は，二つの状態が共存している。

三重点…固体，液体，気体がすべて共存している。

状態図は，物質が温度，圧力に応じて，固体，液体または気体のどの状態で存在しているかを示したものである。

曲線(あ)〜(う)について，図(i)と(ii)で(い)の曲線の傾きが異なり，(i)のように，曲線(い)の傾きが負になるものは，水である。よって，(ii)は二酸化炭素と決まる。

(i) H_2O の状態図

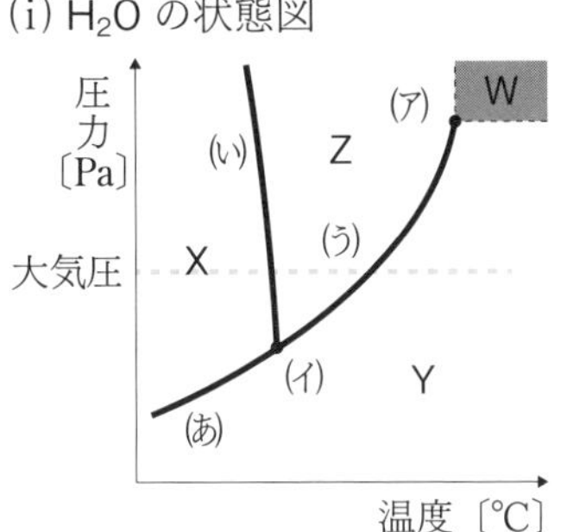

(ii) CO_2 の状態図

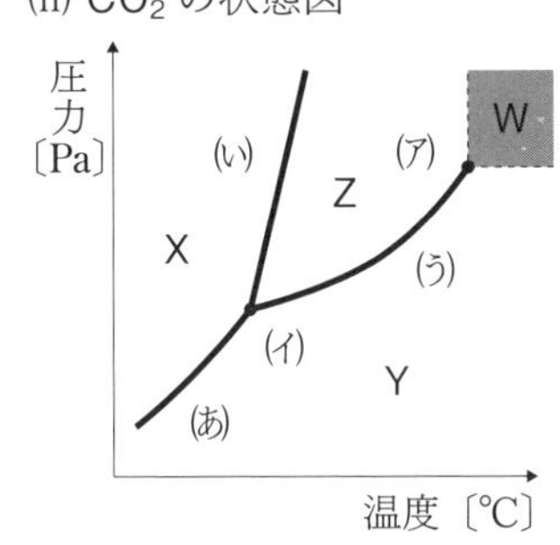

次に，曲線(あ)〜(う)で囲まれたそれぞれの領域X，Y，Zは固体，液体，気体のいずれかを表している。

(i)の水の状態図から物質の状態を考えると，上のように縦軸の圧力で大気圧を破線で表し，横軸の温度を見ていくと，状態はX→Z→Yと変化していくので，Xは $_C$**固**体，Zは $_E$**液**体，Yは $_D$**気**体と決まる。よって，XとZを分ける曲線(い)は $_A$**融解**曲線，ZとYを分ける曲線(う)は $_B$**蒸気圧**曲線，XとYを分ける曲線(あ)は昇華圧曲線と呼ばれる。

また，3本の曲線の交点の(イ)は $_{問3}$**三重点**といい，固体，液体，気体のすべての状態が共存している。

また，(ア)を $_F$**臨界点**といい，臨界点以上の温度，圧力の領域Wでは，物質は，液体や気体の区別ができない（密度が液体と気体の中間）の $_{問4}$**超臨界流体**となっている。

Xから Yになることを $_G$**昇華**，XからZになることを融解，ZからXになることを $_H$**凝固**，ZからYになることを $_I$**蒸発**，YからZになることを $_J$**凝縮**という。

Ⅱ　問1

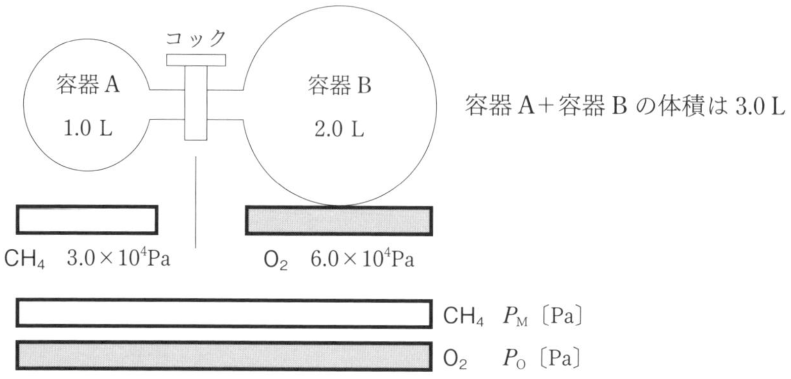

コックを開ける前後で，温度は27℃で反応は起こっていないので，CH_4，O_2 の物質量は変化していない。よって，nRT = 一定より，PV = 一定(ボイルの法則)が成り立つ。

CH_4 について，$PV = 3.0 \times 10^4 \times 1.0 = P_M \times 3.0$　　$\therefore\ P_M = 1.0 \times 10^4$ Pa

O_2 について，$PV = 6.0 \times 10^4 \times 2.0 = P_O \times 3.0$　　$\therefore\ P_O = 4.0 \times 10^4$ Pa

よって，全圧 $P = P_M + P_O = 1.0 \times 10^4 + 4.0 \times 10^4 = 5.0 \times 10^4$ Pa

問2

GR 2 飽和蒸気圧

飽和蒸気圧(蒸気圧)は，蒸気の取れる最大の圧力である。

蒸気圧を含む問題の考え方

1. すべて気体と仮定して，蒸気圧の関係する物質(たとえばH_2O など)の圧力を求める。このときの圧力を P とする。
2. 蒸気圧と比較する。
   (a)　$P \leqq$ 蒸気圧のとき，すべて気体として存在し，圧力は P
   (b)　$P >$ 蒸気圧のとき，気体と液体が共存し，圧力は蒸気圧
   (気液平衡)

燃焼前後で温度は27℃，体積は3.0 L なので，T，V，R が一定より，$PV = nRT$ から，$P = k \times n$ となり，物質量比 = 圧力比が成り立つ。

燃焼後の H_2O がすべて気体と仮定すると，CH_4 の完全燃焼の燃焼反応と，

分圧はそれぞれ次のようになる。

（単位：$\times 10^4$ Pa）

	CH_4	+	$2O_2$	$\longrightarrow$	CO_2	+	$2H_2O$
燃焼前	1.0		4.0		0		0
変化量	−1.0		−2.0		+1.0		+2.0
燃焼後	0		2.0		1.0		2.0

反応後の O_2 と CO_2 については，27℃で，すべて気体として存在するので，分圧の和は，$(2.0 + 1.0) \times 10^4 = 3.0 \times 10^4$ Pa

H_2O については，すべて気体と仮定して求めた値(上の表の数値)では，2.0×10^4 Pa であり，この値は，水の蒸気圧 3.6×10^3 Pa より大きい。よって，すべて気体と仮定したことは誤りであり，H_2O の気体の圧力は 3.6×10^3 Pa となる。

以上から，容器内の気体の圧力は，

$$3.0 \times 10^4 + 3.6 \times 10^3 = 3.36 \times 10^4 \fallingdotseq 3.4 \times 10^4 \text{ Pa}$$

20 溶液(1)　沸点上昇

答

問1　1：h　2：b　3：e　4：a　問2　0.026 K

問3　4.75 g　問4　②

解説

問1

解答への道しるべ

GR 1 蒸気圧降下と沸点上昇

1. 不揮発性の溶質を溶解させた溶液の蒸気圧は，純溶媒の蒸気圧より低くなる。
2. 沸騰は，蒸気圧と外圧(大気圧)が等しくなるとき，内部から激しく蒸発が起こる現象である。
3. 溶液の沸点は純溶媒の沸点より高くなり，その温度差である沸点上昇

度 Δt〔K〕は，溶液の質量モル濃度 m〔mol/kg〕に比例する。

$$\Delta t = K_b \times m \quad (K_b：モル沸点上昇(溶媒に固有な値))$$

ただし，m を考えるときは，電離，会合を考慮すること。

液体から気体への状態変化を蒸発という。下図左のように真水(純溶媒)では表面が水分子なので，表面どこからでも蒸発することができるが，下図右のように海水(溶液)では不揮発性の溶質が溶けているので，表面の溶媒の割合は，溶液中での溶媒の割合(モル分率)と等しく，真水と比べて海水では蒸発しにくくなる。したがって，海水の蒸気圧は，真水の蒸気圧より $_1$**低く**なる。この現象を $_2$**蒸気圧降下**という。

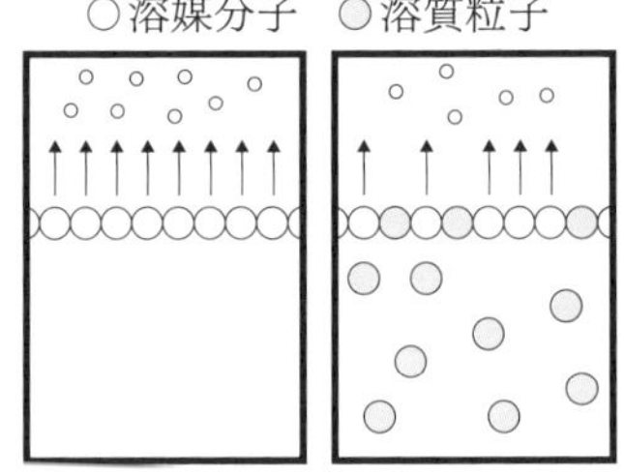

沸騰は液体内部からも激しく蒸発が起こる現象であり，そのときの温度を沸点という。沸騰は，外圧($_3$**大気圧**)と蒸気圧が等しくなると起こる。

このように，溶媒より溶液の沸点が高くなる現象を**沸点上昇**といい，その温度差を**沸点上昇度**という。希薄溶液の沸点上昇度 Δt〔K〕は溶液の $_4$**質量モル濃度** m〔mol/kg〕に比例し，比例定数を K_b〔K・kg/mol〕(モル沸点上昇)とすると，$\Delta t = K_b \times m$ で表される。

問2

グルコースの物質量は，$\dfrac{4.50}{180} = 2.50 \times 10^{-2}$ mol であり，$\Delta t = K_b \times m$ に代入すると，$\Delta t = 0.520 \times \dfrac{2.50 \times 10^{-2}}{0.500} = 0.0260 \fallingdotseq 0.026$ K

問3

溶かした $MgCl_2$ の物質量を x〔mol〕とすると，水溶液中で $MgCl_2$ は次のように完全に電離する。

$$MgCl_2 \longrightarrow Mg^{2+} + 2Cl^-$$

よって，水溶液中に存在するイオンは $3x$〔mol〕となる。

これを $\Delta t = K_b \times m$ に代入すると，

$$100.078 - 100.00 = 0.520 \times \frac{3x}{1.00} \qquad \therefore \quad x = 5.00 \times 10^{-2}\,\text{mol}$$

よって，求める $MgCl_2$ の質量は，$95 \times 5.00 \times 10^{-2} = 4.75\,\text{g}$

問4

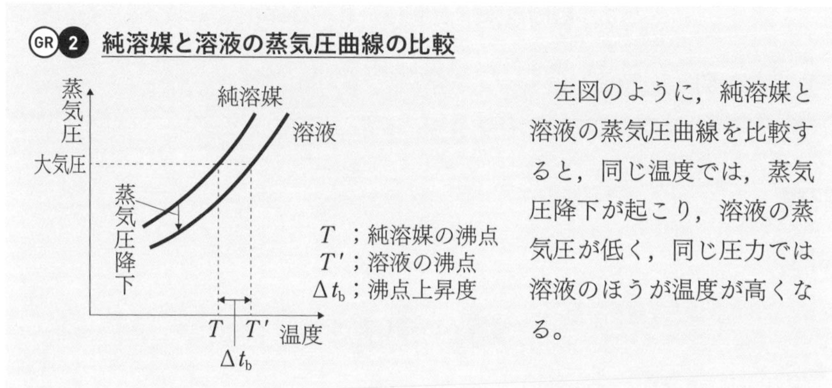

同じ温度比べると，蒸気圧降下が起こるために，溶液の蒸気圧(実線)は，純溶媒の蒸気圧(点線)より低くなる。よって，②

21　溶液(2)　凝固点降下

答

問1　ア　過冷却　　イ　凝固点降下　　ウ　凝固点降下度

問2　(3) > (2) > (1)　　問3　D

問4　凝固はまず溶媒のみであり，しだいに溶液の濃度が高くなり，凝固点降下が進むから。(39字)

問5　−0.37 ℃

解説

問1

解答への道しるべ

GR 1 凝固点降下

溶液の凝固点は純溶媒の凝固点より低くなり，その温度差である凝固点降下度 Δt〔K〕は，溶液の質量モル濃度 m〔mol/kg〕に比例する。

$\Delta t = K_f \times m$　(K_f：モル凝固点降下(溶媒に固有な値))

ただし，m を考えるときは，電離，会合を考慮すること。

液体を冷却していくと，温度が凝固点以下になっても液体の状態を保ったままの不安定な状態を(ア)**過冷却**状態という。凝固は発熱反応なので，凝固が始まると液体の温度は一時的に上昇する。

溶液の凝固点は，純溶媒の凝固点より低くなる。この現象を(イ)**凝固点降下**といい，純溶媒の凝固点を x〔℃〕，溶液の凝固点を y〔℃〕とすると，その差 $\Delta t = x - y$ を(ウ)**凝固点降下度**という。

問2

(1)　NaCl は次のように完全に電離するので，0.010 mol の NaCl を水に溶かし

たときに存在するイオンは $0.010 \times 2 = 0.020$ mol

$$NaCl \longrightarrow Na^{+} + Cl^{-}$$

よって，溶質粒子(イオン)の質量モル濃度を m_1〔mol/kg〕とすると，

$$m_1 = \frac{0.020}{\frac{100}{1000}} = 0.20 \text{ mol/kg}$$

(2) 尿素 $(NH_2)_2CO$ は非電解質であり，水に溶けても電離しない。よって，溶質粒子(分子)の質量モル濃度を m_2〔mol/kg〕とすると，

$$m_2 = \frac{0.018}{\frac{200}{1000}} = 0.090 \text{ mol/kg}$$

また，(3)は純粋な水であり，凝固点の高い順 = 質量モル濃度の小さい順となるので，凝固点は(3) > (2) > (1)となる。

問3

溶液の冷却曲線を考えるときには，次の2点を考えるとよい。

1. 純溶媒より，凝固点が低いこと。
2. 液体と固体が共存している部分のグラフが溶媒では水平であるが，溶液では右下がりになっていること。

この2点を満たしているグラフは，D である。

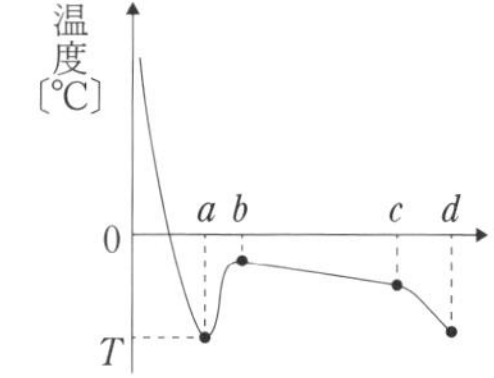

21

溶液(2) 凝固点降下

問4

GR 2 冷却曲線の考え方

1. 外部からは冷却しているので，反応系の温度は下がる。
2. 液体から固体への状態変化(凝固)は，発熱反応であり，熱を放出するので，反応系の温度が上がる。

この2点から，次ページの純溶媒の冷却曲線を説明しよう。

まず，Y 点は凝固点である。X から Y までは，温度が下がっているので，物質の状態は液体のみである。Z 点では凝固が急激に始まるので，凝固熱によって，温度が上昇する。水平な部分は，固体と液体が共存しており，

凝固により発生する熱量と冷却により吸収される熱量がつり合い，温度が変化しない。

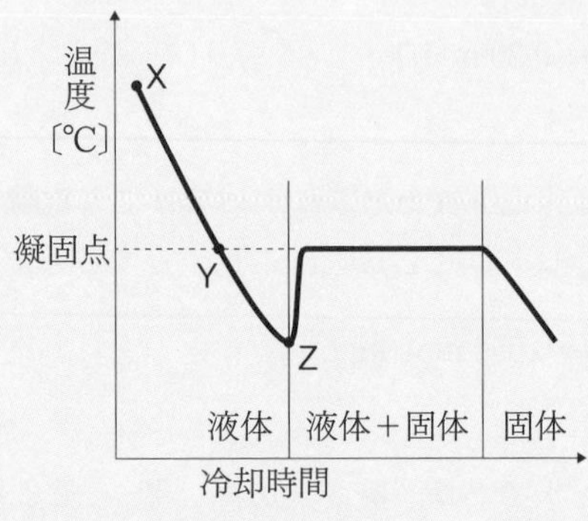

問 3 で求めた溶液の冷却曲線で b−c 間において右下がりになる理由は，まず凝固は溶媒のみであり，次第に溶液の濃度が大きくなる。よって，m が大きくなるので，Δt が大きくなり，凝固点降下度が大きくなるからである。

問 5

水 100 g にグルコース $C_6H_{12}O_6$ を 0.010 mol 溶かした水溶液の質量モル濃度は，

$$m = \frac{0.010}{\frac{100}{1000}} = 0.10\ \mathrm{mol/kg}$$

この溶液の凝固点降下度は，$0 - (-0.185) = 0.185\ \mathrm{K}$ だから，$\Delta t = k_f m$ に代入すると，

$$0.185 = K_f \times 0.10 \qquad \therefore \quad K_f = 1.85$$

この溶液にさらに 0.010 mol のスクロースを加えたので，質量モル濃度は，

$$m = \frac{0.010 + 0.010}{\frac{100}{1000}} = 0.20\ \mathrm{mol/kg}$$

$$\Delta t = K_f \times m = 1.85 \times 0.20 = 0.370\ \mathrm{K}$$

よって，凝固点は，$0 - 0.370 = -0.37\ ℃$

22 浸透圧

答

Ⅰ 問1 ファントホッフの法則

問2 A：6.2×10^4 Pa B：1.2×10^6 Pa

Ⅱ 問3 1.0×10^3 Pa 問4 $C_1 = C_X(1 + \alpha)$

問5 $\alpha = 1.0$

解説

Ⅰ 問1

ファントホッフの法則については下を参照。

解答への道しるべ

GR 1 ファントホッフの法則

物質量 n〔mol〕の溶質が溶解した溶液の体積を V〔L〕，絶対温度 T〔K〕，モル濃度 C〔mol/L〕，気体定数を R〔Pa·L/(K·mol)〕とすると，浸透圧 π〔Pa〕は，

$$\pi = CRT \quad \text{または，} \quad \pi V = nRT$$

で表される。

問2

A 尿素は非電解質であり，水溶液中で電離しない。よって，求める浸透圧 π〔Pa〕は，

$$\pi \times \frac{100}{1000} = \frac{0.15}{60} \times 8.3 \times 10^3 \times (27 + 273)$$

$$\pi = 6.22 \times 10^4 \fallingdotseq 6.2 \times 10^4 \text{ Pa}$$

B NaCl は電解質であり，水溶液中で次のように完全に電離する。よって，粒子の物質量は2倍になる。

$$NaCl \longrightarrow Na^+ + Cl^-$$

浸透圧 π〔Pa〕は，$\pi \times \dfrac{200}{1000} = 0.050 \times 2 \times 8.3 \times 10^3 \times (27 + 273)$

$$\pi = 1.24 \times 10^6 \fallingdotseq 1.2 \times 10^6 \text{ Pa}$$

Ⅱ 問3

高さ 1000 cm の液柱の高さによる圧力が 1.0×10^5 Pa であることから，高さ 10 cm の液柱の高さによる圧力は，$1.0 \times 10^5 \times \dfrac{10}{1000} = 1.0 \times 10^3$ Pa

問4

濃度 C_X〔mol/L〕の物質 X の水溶液中での電離は，電離度を α とすると，次のようになる。

	X	$\rightleftarrows$	Y^+	+	Z^-
電離前	C_X		0		0
変化量	$-C_X\alpha$		$+C_X\alpha$		$+C_X\alpha$
平衡時	$C_X(1-\alpha)$		$C_X\alpha$		$C_X\alpha$

よって，$C_1 = C_X(1-\alpha) + C_X\alpha + C_X\alpha = C_X(1+\alpha)$〔mol/L〕

問5

GR 2 浸透圧の計算をするときの注意点

浸透圧を求めるとき，管の断面積がわかっている場合，断面積 × 高さの変化 = 体積変化となるので，溶液の濃度変化がわかる。よって，初めの濃度と，液面の高さが変化しなくなった(平衡となった)ときの濃度は変化していることに注意すること。

水溶液中の X，Y^+，Z^- の総モル濃度は，$C_1 = C_X(1+\alpha)$〔mol/L〕であり，

$$C_X = \frac{15 \times 10^{-3}}{120} \times \frac{1000}{500} = 2.5 \times 10^{-4} \text{ mol/L}$$

また，図 1 (b)のように液面差が 10 cm なので，U 字管の左側(溶媒)が 5.0 cm 下がり，右側(溶液側)が 5.0 cm 上がったことがわかる。よって，溶液側の体積は 20 mL から 25 mL(= 20 + 1.0 × 5.0)と変化したので，水の移動が

CHAPTER 1 理論化学

止まったときの右側の溶液の濃度はαを用いて,

$$2.5 \times 10^{-4} \times (1+\alpha) \times \frac{20}{25} = 2.0 \times (1+\alpha) \times 10^{-4}\ \mathrm{mol/L}$$

$\pi = CRT$に代入して,

$$1.0 \times 10^{3} = 2.0 \times (1+\alpha) \times 10^{-4} \times 2.5 \times 10^{6} \qquad \therefore \quad \alpha = 1.0$$

23 反応速度

答

問1 (1) 活性化状態 (A) 175 (B) 9 (C) 184

(D) 47 (E) 9

問2 (i) 0.080 mol/(L・min) (ii) 0.16 mol/(L・min)

問3 (ア) × (イ) × (ウ) ○ (エ) ○

問4 活性化エネルギーより高いエネルギーを持つ分子の割合が増加するから。(33字)

23 反応速度

解説

問1

解答への道しるべ

GR 1 活性化エネルギーと触媒

化学反応が起こるために必要なエネルギーを**活性化エネルギー**という。触媒を加えると,活性化エネルギーが小さくなり,反応速度が大きくなるが,反応前後の物質は変わらないので,反応熱は変化しない。

化学反応では,活性化エネルギー以上のエネルギーをもつ反応物どうしが衝突し,1**活性化状態**をへて進行する。

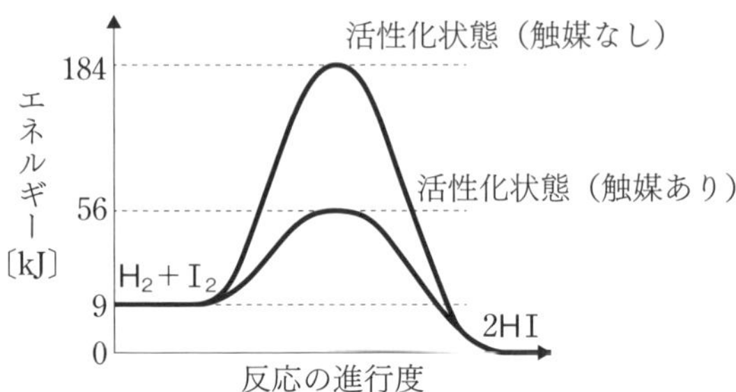

H_2 と I_2 から HI が生成する反応の進行度と物質のもつエネルギーの関係は図 1 で表される。

触媒なしの場合，正反応の活性化エネルギーは，184 − 9 = $_A$**175** kJ であり，反応熱は 9 − 0 = $_B$**9** kJ である。また，逆反応の活性化エネルギーは，

184 − 0 = $_C$**184** kJ である。

触媒を用いた場合，正反応の活性化エネルギーは，56 − 9 = $_D$**47** kJ であり，反応熱は 9 − 0 = $_E$**9** kJ となる。このように触媒は活性化エネルギーを小さくするが，反応熱は変化しない。

問 2

GR 2 反応速度

ある A ⟶ B ＋ C の反応において，

反応物 A のモル濃度が，時刻 t_1〔s〕のとき C_1〔mol/L〕，時刻 t_2〔s〕のとき，C_2〔mol/L〕とする（$C_1 > C_2$）。

このときの A の分解速度 v〔mol/(L･s)〕は，次式で表される。

$$v = -\frac{C_2 - C_1}{t_2 - t_1} \quad (>0)$$

(i) 水素の減少速度は，$v_{H_2} = -\dfrac{0.50 - 0.74}{5 - 2} = 0.080$ mol/(L･min)

(ii) 反応式の係数比が反応速度の比となるので，水素の減少速度 v_{H_2} とヨウ化水素の生成速度 v_{HI} は，$v_{H_2} : v_{HI} = 1 : 2$ となり，$v_{HI} = 2v_{H_2}$ が成り立つ。よって，$v_{HI} = 2 \times 0.080 = 0.16$ mol/(L･min)

問3

(ア)　誤り。反応速度は，一般に温度が高いほど，また，反応物の濃度が高いほど，速くなる。

(イ)　誤り。反応熱は反応物と生成物のエネルギーの総和の差なので，反応熱の大小は反応速度に関係しない。

(ウ)　正しい。活性化エネルギーは，活性化状態に達するまでに必要なエネルギーなので，活性化エネルギーが小さい反応の反応速度は大きくなる。

(エ)　正しい。触媒は，活性化エネルギーを小さくして反応速度を大きくするが，反応前後では物質は変化しない。

問4

GR 3 エネルギーと反応速度の関係

1. 一般に，温度を高くすると，活性化エネルギー以上の運動エネルギーをもつ分子の割合が大きくなり，反応速度が大きくなる。
2. 触媒を加えると，活性化エネルギーが小さくなるので，同じ温度であっても，小さくなった活性化エネルギー以上の運動エネルギーをもつ分子の割合が増加するので，反応速度が大きくなる。

温度を高くすると，分子の運動エネルギーが大きい分子の割合が増加する。したがって，活性化エネルギー以上のエネルギーをもつ分子の割合が増加するので，反応速度は大きくなる。

24　反応速度と化学平衡

問1　$v_1 = k_1[\mathrm{A}][\mathrm{B}]$，$v_2 = k_2[\mathrm{C}]^2$

問2　$k_1 = 4.0 \times 10^{-2}\ \mathrm{L/(mol \cdot min)}$，$k_2 = 2.5 \times 10^{-3}\ \mathrm{L/(mol \cdot min)}$

問3　$K = 16$　　問4　6.7 mol/L

解説

問1

解答への道しるべ

GR 1 **反応速度式**

反応速度 v と反応物のモル濃度の関係式を反応速度式という。このときの比例定数 k を**反応速度定数**という。

ある X ⟶ Y ＋ Z の反応式で表される反応において，正反応の反応速度式は，$v = k[\mathrm{X}]^a$ と表されるとすると，a は反応次数といい，$a = 1$ のときを1次反応，$a = 2$ のときを2次反応という。この反応次数は実験により求められる。

受験化学で，反応次数は⑴問題文中から読み取る。⑵実験のデータから読み取る問題がほとんどである。

正反応の反応速度 v_1 は，A と B のモル濃度にそれぞれ比例するので，正反応の反応速度定数を k_1 とすると，次式で表される。

$$v_1 = k_1[\mathrm{A}][\mathrm{B}] \quad \cdots\cdots(1)$$

逆反応の反応速度 v_2 は，C のモル濃度の2乗に比例するので，逆反応の反応速度定数を k_2 とすると，次式で表される。

$$v_2 = k_2[\mathrm{C}]^2 \quad \cdots\cdots(2)$$

問2

(1)式より，$3.6 \times 10^{-1} = k_1 \times 3.0 \times 3.0 \quad \therefore \quad k_1 = 4.0 \times 10^{-2}\ \mathrm{L/(mol \cdot min)}$

(2)式より，$1.0 \times 10^{-2} = k_2 \times 2.0^2 \quad \therefore \quad k_2 = 2.5 \times 10^{-3}\ \mathrm{L/(mol \cdot min)}$

問3

GR 2 **反応速度と化学平衡**

平衡状態では，正反応の反応速度（v_1 とする）と逆反応の反応速度（v_2 とする）が等しくなる。よって，$\boldsymbol{v_1 = v_2}$ が成り立つ。

平衡状態では，$v_1 = v_2$ が成り立つので，(1)式と(2)式より，

$$k_1[\mathrm{A}][\mathrm{B}] = k_2[\mathrm{C}]^2 \quad \cdots\cdots(3)$$

また，この反応の平衡定数 K は，$K = \dfrac{[\mathrm{C}]^2}{[\mathrm{A}][\mathrm{B}]}$ なので，$[\mathrm{C}]^2 = K[\mathrm{A}][\mathrm{B}]$

これを(3)式に代入して，$k_1[\mathrm{A}][\mathrm{B}] = k_2 \times K[\mathrm{A}][\mathrm{B}]$

$$K = \frac{k_1}{k_2} = \frac{4.0 \times 10^{-2}}{2.5 \times 10^{-3}} = 16$$

問4

GR 3 平衡定数

平衡定数の式に代入する数値は，平衡時の濃度であり，反応前の濃度を代入しても平衡定数の値とは一致しない。また，濃度平衡定数 K_C のときは平衡時のモル濃度，圧平衡定数 K_P のときは平衡時の分圧を代入すること。

平衡に達するまでに変化した A のモル濃度を x〔mol/L〕とすると，

	A	+	B	⇄	2C
反応前	5.0		5.0		0
変化量	$-x$		$-x$		$+2x$
平衡時	$5.0 - x$		$5.0 - x$		$2x$

平衡定数 K に代入すると，

$$K = \frac{(2x)^2}{(5.0 - x)^2} = 16 \qquad \therefore \quad x = \frac{10}{3}\ \mathrm{mol/L}$$

よって，$[\mathrm{C}] = 2 \times \dfrac{10}{3} = 6.66 \fallingdotseq 6.7\ \mathrm{mol/L}$

25 化学平衡(1)

答

問1　128　　問2　(イ)　　問3　3.4 mol

問4　2.8 mol

25 化学平衡(1)

解説

問1

平衡に達するまでの各物質の変化は次のようになる。

	H_2	+	I_2	$\rightleftarrows$	2HI
反応前	1.0		0.90		0
変化量	$-x$		$-x$		$+2x$
平衡時	$1.0-x$		$0.90-x$		$2x\ (=1.6)$

よって，$x=0.80$ mol であり，平衡時の H_2 と I_2 の物質量は，

$H_2=1.0-0.80=0.20$ mol

$I_2=0.90-0.80=0.10$ mol

容器の体積を V〔L〕とすると，平衡時の各物質のモル濃度は，

$$[H_2]=\frac{0.20}{V}\text{〔mol/L〕},\ [I_2]=\frac{0.10}{V}\text{〔mol/L〕},\ [HI]=\frac{1.6}{V}\text{〔mol/L〕}$$

これらを $K=\dfrac{[HI]^2}{[H_2][I_2]}$ に代入して，$K=\dfrac{\left(\dfrac{1.6}{V}\right)^2}{\left(\dfrac{0.20}{V}\right)\times\left(\dfrac{0.10}{V}\right)}=128$

問2

解答への道しるべ

GR❶ 平衡定数を使った反応の進行方向の判断

反応が右または左のどちらに進むかという問題で，変化量を x などと置いて平衡定数に代入して計算するのは時間がかかる。よって，次のような考え方を使うと解答が速くなる。

「平衡定数と同じ濃度比の式に，問題文の濃度を代入して，その値は平衡定数より大きい場合は，反応は左(逆反応)に進み，平衡定数より小さい場合は，反応は右(正反応)に進み，平衡状態に達する。」

平衡定数と同じ濃度比 $\frac{[HI]^2}{[H_2][I_2]}$ に，反応前の容器内の各物質のモル濃度を代入すると，$\frac{[HI]^2}{[H_2][I_2]} = \frac{\left(\frac{1.0}{V}\right)^2}{\frac{1.0}{V} \times \frac{1.0}{V}} = 1.0$ となる。この値は，平衡定数 $K = 128$ と比べて小さいので，反応物の H_2 と I_2 が減少して，生成物の HI が増加することで濃度比が 128 となり，平衡状態に達する。よって，反応は右に進むので，HIの物質量は増加し，(イ) $n > 1.0$ となる。

問3

解答への道しるべ

GR 2 平衡定数と温度

濃度平衡定数 K_C や圧平衡定数 K_P などの平衡定数は，同じ反応でも温度によって変化する値。

よって，温度が同じであれば，平衡定数の値は等しい。

平衡に達するまでの各物質の変化は次のようになる。

	H_2	+	I_2	$\rightleftarrows$	2HI
反応前	2.0		2.0		0
変化量	$-x$		$-x$		$+2x$
平衡時	$2.0 - x$		$2.0 - x$		$2x$

容器の体積を V〔L〕とすると，平衡時の各物質のモル濃度は，

$$[H_2] = \frac{2.0 - x}{V}\text{〔mol/L〕},\ [I_2] = \frac{2.0 - x}{V}\text{〔mol/L〕},\ [HI] = \frac{2x}{V}\text{〔mol/L〕}$$

これらを $K = \frac{[HI]^2}{[H_2][I_2]}$ に代入して，$K = \frac{\left(\frac{2x}{V}\right)^2}{\left(\frac{2.0 - x}{V}\right)^2} = 128$

$x > 0$ より，$\frac{2x}{2 - x} = 8\sqrt{2}$　　$\therefore\ x = 1.69$

よって，$HI = 2 \times 1.69 = 3.38 \fallingdotseq 3.4$ mol

25

化学平衡(1)

問4

平衡に達するまでの各物質の変化は次のようになる。

	H_2	+	I_2	$\rightleftarrows$	2HI
反応前	2.0		2.0		0.80
変化量	$-x$		$-x$		$+2x$
平衡時	$2.0-x$		$2.0-x$		$0.80+2x$

容器の体積を V〔L〕とすると，平衡時の各物質のモル濃度は，

$$[H_2]=\frac{2.0-x}{V}\text{〔mol/L〕},\ [I_2]=\frac{2.0-x}{V}\text{〔mol/L〕},$$

$$[HI]=\frac{0.80+2x}{V}\text{〔mol/L〕}$$

これらを $K=\dfrac{[HI]^2}{[H_2][I_2]}$ に代入して，$K=\dfrac{\left(\dfrac{0.80+2x}{V}\right)^2}{\left(\dfrac{2.0-x}{V}\right)^2}=36$

$x>0$ より，$\dfrac{0.80+2x}{2.0-x}=6$　　∴　$x=1.4$

よって，増加した $HI=2\times1.4=2.8$ mol

CHAPTER 1　理論化学

26　化学平衡(2)

問1　触媒は化学反応の活性化エネルギーを小さくし反応速度を大きくするが，化学反応の平衡定数は変化しない。

（49字）

問2　(1)　$\dfrac{x}{12-x}$

(2)　N_2：2.0 mol，H_2：6.0 mol，NH_3：2.0 mol

(3)　$V=1.8$ L，$P=3.7\times10^7$ Pa

問3　(1)　ア　　(2)　イ　　(3)　イ　　(4)　ウ

解説

問1

解答への道しるべ

GR 1 触媒のはたらき

触媒は活性化エネルギーを低下させるので，触媒を用いることによって，活性化エネルギー以上のエネルギーをもつ分子の割合が大きくなる。したがって反応速度は大きくなる。

触媒を用いることによって，活性化エネルギーが低下する。したがって，反応速度は大きくなる。また，可逆反応では，触媒を用いることによって，正反応，逆反応ともに反応速度が大きくなるため，平衡は移動しない。よって，平衡定数の値は変化しない。

問2

GR 2 平衡定数を使った体積と圧力の計算

濃度平衡定数は平衡時のモル濃度を代入して得られる値なので，平衡時のそれぞれの物質量が求められたら，平衡定数に代入することによって，体積を求められることがある。体積が求まれば，圧力は計算できる。

(1) 平衡状態における NH_3 の物質量を x〔mol〕とすると，平衡に達するまでの各物質の変化は次のようになる。

	N_2	$+$	$3H_2$	$\rightleftarrows$	$2NH_3$
反応前	3.0		9.0		0
変化量	$-\dfrac{1}{2}x$		$-\dfrac{3}{2}x$		$+x$
平衡時	$3.0-\dfrac{1}{2}x$		$9.0-\dfrac{3}{2}x$		x

よって，混合気体の全物質量は，$12-x$〔mol〕となり，NH_3 のモル分率は，

$$\frac{x}{12-x}$$

(2) (1)で求めたモル分率が，混合気体中の 20% なので，

$$\frac{x}{12-x} \times 100 = 20\% \qquad \therefore \quad x = 2.0\ \text{mol}$$

平衡時のそれぞれの物質量は，

$$N_2 : 3.0 - \frac{1}{2} \times 2.0 = 2.0\ \text{mol},\ \ H_2 : 9.0 - \frac{3}{2} \times 2.0 = 6.0\ \text{mol}$$

$$NH_3 : 2.0\ \text{mol}$$

(3) 体積を V〔L〕とすると，平衡時の各物質のモル濃度は，

$$[N_2] = \frac{2.0}{V}\ \text{〔mol/L〕},\ [H_2] = \frac{6.0}{V}\ \text{〔mol/L〕},\ [NH_3] = \frac{2.0}{V}\ \text{〔mol/L〕}$$

これらを $K = \frac{[NH_3]^2}{[N_2][H_2]^3}$ に代入して，

$$K = \frac{\left(\frac{2.0}{V}\right)^2}{\left(\frac{2.0}{V}\right) \times \left(\frac{6.0}{V}\right)^3} = 3.0 \times 10^{-2} \qquad \therefore \quad V = 1.8\ \text{L}$$

また，$PV = nRT$ に代入すると，

$$P \times 1.8 = (2.0 + 6.0 + 2.0) \times 8.3 \times 10^3 \times 800$$

$$\therefore \quad P = 3.68 \times 10^7 \fallingdotseq 3.7 \times 10^7\ \text{Pa}$$

問3

GR 3 (i) ルシャトリエの原理（平衡移動の原理）

反応系に外部から影響を与えると，その影響をやわらげる方向に平衡が移動し，新しい平衡状態になる。これを，**ルシャトリエの原理**という。具体的には，

1. 温度を高くすると，**吸熱方向**に平衡が移動する。
2. 圧力を高くすると，（圧力を低くしたいので）**気体の粒子数が減少する方向**に平衡が移動する。
3. 平衡状態にある物質を加えて濃度を大きくすると，**その物質の濃度が小さくなる方向**に平衡が移動する。

1，2，3 について，小さくする場合には，平衡は逆に移動する。

CHAPTER 1 理論化学

GR 3 (ii) ルシャトリエの原理（平衡にない物質を入れる場合

気体反応で，反応に関与しない気体(たとえば，貴ガスの Ar など)を入れる場合は，どのような条件なのかをしっかり確認する必要がある。

1. 温度，圧力一定……気体を入れる前後では全圧は一定に保たれるが，平衡に関係する物質の分圧の和は，前後で小さくなっている。したがって，**圧力を下げたのと同じ影響が与えられているので，平衡にある物質の粒子数が増加する方向に平衡が移動する。**
2. 温度，体積一定……気体を入れる前後では全圧は大きくなるが，体積が一定なので，**反応に関係する物質のモル濃度はいずれも変化しない。よって，平衡は移動しない。**

⑴ 圧力を高くすると，気体の物質量が減少する方向に平衡は移動する。すなわち，NH_3 の物質量が増加する方向に平衡が移動する。よって，ア

⑵ この反応の正反応は発熱反応であることより，反応熱を Q〔kJ〕とすると，熱化学方程式は次式で表される。

$$N_2(気) + 3H_2(気) = 2NH_3(気) + Q\,\mathrm{kJ}$$

平衡状態において，温度を 800 K から 900 K に上げると，吸熱方向に平衡が移動する。すなわち，平衡は左に移動するので，NH_3 の物質量は減少する。よって，イ

⑶ 圧力一定で，この反応に関係しない Ar を加えたとき，全圧を P とすると，Ar を加える前は，「P = N_2 の分圧 + H_2 の分圧 + NH_3 の分圧」となる。Ar を加えてすぐ(平衡移動を考える前)の圧力は，「P = N_2 の分圧 + H_2 の分圧 + NH_3 の分圧 + Ar の分圧」となる。したがって，＿＿＿の部分の圧力は，Ar を加える前後では「P」から「P − Ar の分圧」と小さくなっている。よって，平衡にある物質の圧力を小さくしたことと同じなので，気体の総物質量が増加する方向へ平衡は移動する。すなわち，NH_3 の物質量が減少する方向に平衡は移動する。よって，イ

⑷ 体積一定で，この反応に関係しない Ar を加えたとき，体積が変わらないので Ar を加える前後でも N_2，H_2，NH_3 の分圧はそれぞれ変化しない。したがって，平衡は移動しない。すなわち，NH_3 の物質量は変化しない。よって，ウ

27　電離平衡

答

問1　ア　$-\log_{10}[\mathrm{H^+}]$　　エ　$\sqrt{\dfrac{K_a}{C}}$　　オ　$\sqrt{CK_a}$

問2　イ　2　　ウ　12

問3　カ　2.8　　キ　7.0×10^{-5}　　ク　4.2　　ケ　1.7×10^{-4}

　　　コ　3.8

解説

問1

解答への道しるべ

GR 1 酢酸の電離平衡

C〔mol/L〕の酢酸水溶液中のCH_3COOH，CH_3COO^-，H^+のモル濃度は，

$[CH_3COOH] = C(1-\alpha)$　$[CH_3COO^-] = [H^+] = C\alpha$

$1-\alpha \fallingdotseq 1$となるとき，

$$K_a = C\alpha^2 \qquad \alpha = \sqrt{\frac{K_a}{C}} \qquad [H^+] = \sqrt{CK_a}$$

ア：pHは水素イオン指数といい，$[H^+] = 10^{-\mathrm{pH}}$，または$\mathrm{pH} = -\log_{10}[H^+]$と表される。

エ：$CH_3COOH = C$〔mol/L〕，電離度αとすると，次のような平衡が成り立つ。

	CH_3COOH	$\rightleftarrows$	CH_3COO^-	+	H^+
反応前	C		0		0
平衡時	$C(1-\alpha)$		$C\alpha$		$C\alpha$

これを電離定数$K_a = \dfrac{[CH_3COO^-][H^+]}{[CH_3COOH]}$に代入すると，

$$K_a = \frac{C\alpha \times C\alpha}{C(1-\alpha)} = \frac{C\alpha^2}{1-\alpha}$$

ここで，$1-\alpha \fallingdotseq 1$ と近似すると，$K_a = C\alpha^2$ となり，$\alpha = \sqrt{\frac{K_a}{C}}$

オ：$[\mathrm{H^+}] = C\alpha = C \times \sqrt{\frac{K_a}{C}} = \sqrt{CK_a}$

問2

GR 2 pH

$\mathrm{pH} = -\log_{10}[\mathrm{H^+}]$

25℃のとき，$K_W = [\mathrm{H^+}][\mathrm{OH^-}] = 1.0 \times 10^{-14}\ (\mathrm{mol/L})^2$

また，$\mathrm{pH} + \mathrm{pOH} = 14$　$\mathrm{pOH} = -\log_{10}[\mathrm{OH^-}]$

イ：0.010 mol/L の HCl 水溶液の $[\mathrm{H^+}] = 0.010 = 1.0 \times 10^{-2}$ mol/L より，pH = 2

ウ：0.010 mol/L の NaOH 水溶液の $[\mathrm{OH^-}] = 0.010 = 1.0 \times 10^{-2}$ mol/L より，

$$[\mathrm{H^+}] = \frac{K_w}{[\mathrm{OH^-}]} = \frac{1.0 \times 10^{-14}}{1.0 \times 10^{-2}} = 1.0 \times 10^{-12}\ \mathrm{mol/L}$$ より，pH = 12

27

電離平衡

問3

GR 3 酢酸緩衝液のpH

緩衝液中の $CH_3COOH = C_1$〔mol/L〕，$CH_3COONa = C_2$〔mol/L〕のとき，酢酸はほとんど電離していないと考えることができ，平衡時のモル濃度は，$[CH_3COOH] = C_1$，$[CH_3COO^-] = C_2$ と近似できる。よって，電離定数 K_a に代入すると，次式が成り立つ。

$$K_a = \frac{C_2 \times [\mathrm{H^+}]}{C_1} \qquad \left(\frac{C_2}{C_1} = \text{濃度比} = \text{モル比}\right)$$

カ：$[\mathrm{H^+}] = \sqrt{CK_a} = \sqrt{0.10 \times 2.8 \times 10^{-5}} = \sqrt{2.8} \times 10^{-3}$ mol/L

$$\mathrm{pH} = -\log_{10}(\sqrt{2.8} \times 10^{-3}) = 3 - \frac{1}{2} \times 0.45 = 2.77 \fallingdotseq 2.8$$

キ：CH_3COOH：CH_3COONa = 0.50：0.20 = 5：2 より，$\frac{[CH_3COO^-]}{[CH_3COOH]} = \frac{2}{5}$

となる。よって，$K_a = \frac{2}{5} \times [H^+]$ より，

$$[H^+] = \frac{5}{2} \times 2.8 \times 10^{-5} = 7.0 \times 10^{-5}\ \text{mol/L}$$

ク：$pH = -\log_{10}(7.0 \times 10^{-5}) = 5 - 0.85 = 4.15 \fallingdotseq 4.2$

ケ：0.10 mol の HCl を加えたときの変化は次のようになる。

	CH_3COONa	+ HCl ⇄	CH_3COOH	+ $NaCl$
反応前	0.20	0.10	0.50	0
反応後	0.10	0	0.60	0.10

反応後は，$\frac{[CH_3COO^-]}{[CH_3COOH]} = \frac{1}{6}$ より，$K_a = \frac{1}{6} \times [H^+]$

よって，$[H^+] = 6 \times 2.8 \times 10^{-5} = 1.68 \times 10^{-4} \fallingdotseq 1.7 \times 10^{-4}\ \text{mol/L}$

コ：$pH = -\log_{10}(1.7 \times 10^{-4}) = 4 - 0.23 = 3.77 \fallingdotseq 3.8$

28 溶解度積

答

問 1　1.9×10^{-4} g　　問 2　1.4×10^{-5} mol/L

問 3　1.3×10^{-5} mol/L

解説

問 1

解答への道しるべ

GR 1 溶解度積

溶解平衡にある反応系で，溶液中に存在するイオンのモル濃度の関係を**溶解度積** K_{SP} という。

$AgCl \rightleftarrows \underline{Ag^+ + Cl^-}$ の場合，$K_{SP} = [Ag^+][Cl^-]$

$Ag_2CrO_4 \rightleftarrows \underline{2Ag^+ + CrO_4{}^{2-}}$ の場合，$K_{SP} = [Ag^+]^2[CrO_4{}^{2-}]$

溶解度積も平衡定数なので，上のように反応式の右辺の係数に着目すること。

AgCl は水溶液中で次のように電離する。

$AgCl \rightleftarrows Ag^+ + Cl^-$

1 L あたり，x〔mol〕の AgCl が溶解するとすれば，水溶液中の Ag^+ と Cl^- のモル濃度 $[Ag^+]$ と $[Cl^-]$ はそれぞれ次のようになる。

$[Ag^+] = [Cl^-] = x$〔mol/L〕

よって，溶解度積 $K_{SP(AgCl)} = [Ag^+][Cl^-]$ に代入すると，

$K_{SP(AgCl)} = x^2 \qquad x = \sqrt{K_{SP(AgCl)}} = \sqrt{1.8 \times 10^{-10}} = 1.34 \times 10^{-5}$ mol/L

よって，水 100 mL に溶解する AgCl の質量は，

$$143.5 \times 1.34 \times 10^{-5} \times \frac{100}{1000} = 1.92 \times 10^{-4} \fallingdotseq 1.9 \times 10^{-4}\ \mathrm{g}$$

28

溶解度積

問 2

GR 2 沈殿生成の判定

$MX(固) \rightleftarrows M^+ + X^- \qquad K_{SP} = [M^+][X^-]$

の反応において，MX の沈殿が生じるかどうかの考え方：

まず，沈殿が生じていないと仮定したときの濃度を $[M^+] = a$〔mol/L〕，$[X^-] = b$〔mol/L〕とする。

(1) $a \times b < K_{SP}$ のとき，MX は沈殿しない。

(2) $a \times b > K_{SP}$ のとき，MX は沈殿する。

(3) $a \times b = K_{SP}$ のとき，飽和であり，MX は沈殿しない。

(3)のとき，「MX の沈殿が生じ始める」となる。

この実験で，Ag_2CrO_4 の赤褐色沈殿が生じ始めたときの溶液は次のようになっている。

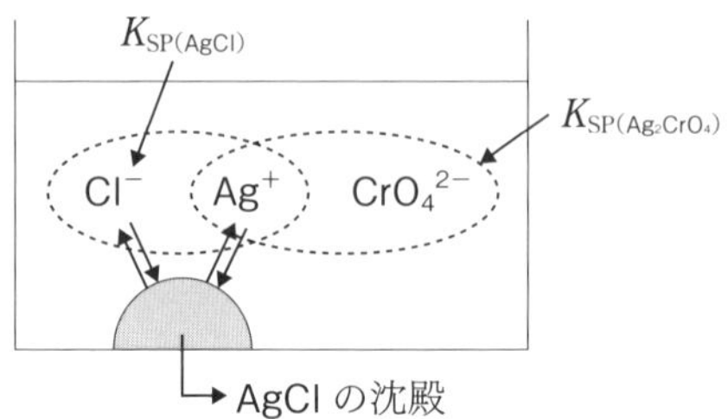

上のように AgCl が沈殿しているので，次の溶解平衡が成り立っている。

$$AgCl(固) \rightleftarrows Ag^+ + Cl^-$$

また，Ag_2CrO_4 の沈殿が生じ始めた時点なので，溶液中で Ag_2CrO_4 は飽和となっている。

したがって，混合溶液中のクロム酸イオン濃度は，

$$[CrO_4^{2-}] = 5.0 \times 10^{-4} \times \frac{1000}{50} = 1.0 \times 10^{-2}\,\mathrm{mol/L}$$

クロム酸銀の溶解度積 $K_{SP(Ag_2CrO_4)} = [Ag^+]^2[CrO_4^{2-}]$ より，

$$[Ag^+] = \sqrt{\frac{K_{SP(Ag_2CrO_4)}}{[CrO_4^{2-}]}} = \sqrt{\frac{2.0 \times 10^{-12}}{1.0 \times 10^{-2}}} = \sqrt{2} \times 10^{-5} = 1.4 \times 10^{-5}\,\mathrm{mol/L}$$

問 3

GR 3 混合物の溶解平衡

この問題では，Ag^+ と Cl^- の溶解平衡，Ag^+ と CrO_4^{2-} の溶解平衡がともに成り立っている。共通なイオンは Ag^+ なので，Ag^+ のモル濃度を求めることに着目する。

AgCl の溶解度積に代入すると，

$$[Cl^-] = \frac{K_{SP(AgCl)}}{[Ag^+]} = \frac{1.8 \times 10^{-10}}{1.4 \times 10^{-5}} = 1.28 \times 10^{-5} \fallingdotseq 1.3 \times 10^{-5}\,\mathrm{mol/L}$$

29 17族元素

答

問1　A　次亜塩素酸　　B　1,2-ジブロモエタン

C　フッ化水素

問2　ア　酸化力　　イ　7　　ウ　陰　　エ　液

オ　弱　　カ　ファンデルワールス力

問3　①　$MnO_2 + 4HCl \longrightarrow MnCl_2 + Cl_2 + 2H_2O$

②　$NaCl + H_2SO_4 \longrightarrow NaHSO_4 + HCl$

問4　電気陰性度の大きいF，N，Oと結合した水素原子が分子間または分子内で静電気的に引き合って生じる結合。

(50字)

解説

問1，2

解答への道しるべ

GR 1 (i) ハロゲン元素（ハロゲン単体）

	色	分子量	分子間力	状態
F_2	淡黄色	38	小	気体
Cl_2	黄緑色	71	↓	気体
Br_2	赤褐色	160		液体
I_2	黒紫色	254	大	固体

酸化力　　　　　　　　還元力

大　$F_2 + 2e^- \rightleftarrows 2F^-$　小

$Cl_2 + 2e^- \rightleftarrows 2Cl^-$

$Br_2 + 2e^- \rightleftarrows 2Br^-$

小　$I_2 + 2e^- \rightleftarrows 2I^-$　大

よって，Cl_2 と I^- は反応するが，I_2 と Cl^- は反応しない。

GR 1 (ii) ハロゲン元素（ハロゲン化水素）

ハロゲン化水素は，常温・常圧でいずれも，刺激臭をもつ気体である。

ハロゲン水素	分子間力	沸点(℃)	水溶液
HF	水素結合	20	弱酸
HCl	ファンデルワールス力	−85	強酸
HBr		−67	
HI		−36	

A，ア　塩素は水に溶け，次のように塩化水素と$_A$**次亜塩素酸**を生じる。

$$Cl_2 + H_2O \rightleftarrows HCl + HClO$$

次亜塩素酸 HClO は，$_ア$**酸化力**があるために，塩素水は殺菌，漂白作用を示す。

イ，ウ　周期表で 17 族元素の F，Cl，Br，I は，ハロゲン元素と呼ばれ，$_イ$**7** 個の価電子をもち，1 個の電子を受け取って，1 価の$_ウ$**陰**イオンになりやすい。たとえば，塩素 Cl_2 は次のように電子を受け取って塩化物イオン Cl^- になり，相手を酸化する酸化剤としてはたらく。

$$Cl_2 + 2e^- \longrightarrow 2Cl^-$$

エ，カ　ハロゲンの単体はいずれも 2 原子分子であり，分子量が大きくなるほど，$_カ$**ファンデルワールス**力が強くなるので，沸点が高くなる。したがって，常温で，ハロゲンの単体は，分子量の小さい F_2，Cl_2 が気体，Br_2 が$_エ$**液**体，分子量が大きい I_2 が固体として存在する。

オ　ハロゲンの単体の酸化力は，$F_2 > Cl_2 > Br_2 > I_2$ の順であり，KBr の水溶液に Cl_2 を通じると，次の反応が起こる。

$$Cl_2 + 2KBr \longrightarrow 2KCl + Br_2$$

B　エチレン $CH_2{=}CH_2$ に Br_2 を反応させると，付加反応が起こり，

B**1, 2- ジブロモエタン**が生成する。

$$CH_2=CH_2 + Br_2 \longrightarrow CH_2Br-CH_2Br$$

問3

① 酸化マンガン(Ⅳ)に濃塩酸を加えて加熱すると，黄緑色の気体である塩素 Cl_2 が発生する。

$$MnO_2 + 4HCl \longrightarrow MnCl_2 + Cl_2 + 2H_2O$$

この反応は酸化還元反応で，MnO_2 が酸化剤，HCl が還元剤としてはたらいている。

② 塩化ナトリウムに濃硫酸を加えて加熱すると，塩化水素 HCl が発生する。

$$NaCl + H_2SO_4 \longrightarrow NaHSO_4 + HCl$$

この反応で，濃硫酸の性質である不揮発性(沸点が高く蒸発しにくい性質)を利用している。

問4

GR 2 水素結合

水素結合は，N，O，F の水素化合物(NH_3，H_2O，HF，ROH(アルコール)，RCOOH(カルボン酸)，RNH_2(アミン)など)が主に分子間で形成する静電気的な引力であり，水素結合を形成すると，分子量から推定される沸点より著しく高くなる。

水分子の水素結合の様子を次図に表す。

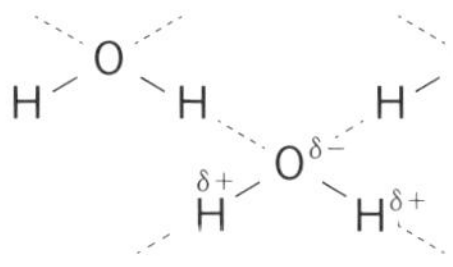

上図の実線—は分子内の共有結合であり，点線…は分子間の水素結合である。

水 H_2O 分子は折れ線であり，また，電気陰性度は O ＞ H なので，O−H 結合に極性があり，極性を $\delta+ \longrightarrow \delta-$ とすると，次のようになる。

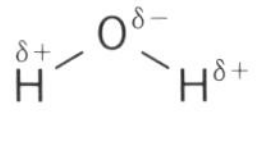

よって，分子間で $O^{\delta-}$ と $H^{\delta+}$ が静電気力によって引きつけられて水素結合が形成される。

30　16，15族元素

答

問1　ア：分留　イ：鉄(四酸化三鉄)　ウ：一酸化窒素

エ：二酸化窒素　オ：斜方硫黄　カ：ゴム状硫黄

問2　① $3Cu + 8HNO_3 \longrightarrow 3Cu(NO_3)_2 + 4H_2O + 2NO$

② $4NH_3 + 5O_2 \longrightarrow 4NO + 6H_2O$

③ $FeS + H_2SO_4 \longrightarrow FeSO_4 + H_2S$

④ $2H_2S + SO_2 \longrightarrow 3S + 2H_2O$

問3　(c), (d), (e), (f)

CHAPTER 2　無機化学

解説

問1，2

解答への道しるべ

GR 1 工業的製法

1. **ハーバー・ボッシュ法**(NH_3 の製法)

鉄(四酸化三鉄)を主成分とする触媒を用いて，N_2 と H_2 から，NH_3 をつくる。　$N_2 + 3H_2 \rightleftarrows 2NH_3$

2. **オストワルト法**(HNO_3 の製法)

アンモニア酸化法ともいう。

NH_3 から NO，NO_2 を経て，HNO_3 を合成する。

① $4NH_3 + 5O_2 \longrightarrow 4NO + 6H_2O$

② $2NO + O_2 \longrightarrow 2NO_2$

③ $3NO_2 + H_2O \longrightarrow 2HNO_3 + NO$

以上より，①〜③をまとめると，次の反応式となる。

$NH_3 + 2O_2 \longrightarrow HNO_3 + H_2O$

GR❷ SO_2，H_2Sの性質

• SO_2　無色，**刺激臭**，水に溶けて酸性を示す。還元剤としてはたらくが，H_2S などの還元剤には酸化剤としてはたらく。

銅に濃硫酸を加えて加熱すると，SO_2 が発生する。

$Cu + 2H_2SO_4 \longrightarrow CuSO_4 + 2H_2O + SO_2$

• H_2S　無色，**腐卵臭**，水に溶けて酸性を示す。還元剤としてはたらく。

硫化鉄(Ⅱ)に希硫酸を加えると，H_2S が発生する。

$FeS + H_2SO_4 \longrightarrow FeSO_4 + H_2S$

ア　N_2 の工業的製法は，空気を液体にした液体空気から沸点の差を利用した$_ア$**分留**(分別蒸留)によって窒素を取り出す。なお，窒素の沸点は－196℃，酸素の沸点は－183℃である。また，実験室的製法は，亜硝酸アンモニウムの熱分解で，次のような反応が起こる。

$NH_4NO_2 \longrightarrow N_2 + 2H_2O$

イ　NH_3 の工業的製法は，ハーバー・ボッシュ法であり，窒素と水素の混合気体に$_イ$**四酸化三鉄** Fe_3O_4 を触媒として，高温・高圧条件で反応させてつくられる。　$N_2 + 3H_2 \rightleftarrows 2NH_3$

また，実験室的製法は，塩化アンモニウムと水酸化カルシウムを混合し，加熱することで NH_3 が発生する。

$2NH_4Cl + Ca(OH)_2 \longrightarrow CaCl_2 + 2H_2O + 2NH_3$

①，ウ　銅を希硝酸に加えると，無色の気体である。$_ウ$**一酸化窒素**が発生する。

$_①$ $\mathbf{3Cu + 8HNO_3 \longrightarrow 3Cu(NO_3)_2 + 4H_2O + 2NO}$

②，エ　硝酸の工業的製法はオストワルト法と呼ばれ，NH_3 から NO を経て$_エ$**二酸化窒素**，さらに HNO_3 を生成する。この反応は，次のようになる。

(1)　アンモニアを白金触媒を使って800℃〜900℃で酸化する。

$_②$ $\mathbf{4NH_3 + 5O_2 \longrightarrow 4NO + 6H_2O}$

30

16、15族元素

(2) (1)の混合気体を140℃程度に冷却するとNOは酸化されてNO_2が生成する。

$$2NO + O_2 \longrightarrow 2NO_2$$

(3) 水にNO_2を通じると，HNO_3が生成する。

$$3NO_2 + H_2O \longrightarrow 2HNO_3 + NO$$

以上より，(1)〜(3)をまとめると，次の反応式となる。

$$NH_3 + 2O_2 \longrightarrow HNO_3 + H_2O$$

オ，カ 硫黄の単体には，同素体として，環状のS_8分子の_オ**斜方硫黄**，単斜硫黄，鎖状分子の_カ**ゴム状硫黄**がある。

③ 硫化水素H_2Sは，硫化鉄(II) FeSに希硫酸を加えると発生する。

③ $$FeS + H_2SO_4 \longrightarrow FeSO_4 + H_2S$$

④ 二酸化硫黄SO_2と硫化水素H_2Sの反応は次のようになる。

④ $$2H_2S + SO_2 \longrightarrow 3S + 2H_2O$$

このとき，SO_2は酸化剤，H_2Sは還元剤としてはたらいている。

問3

GR 3 **硫酸の性質**

1. 希硫酸の性質…強酸，Ba^{2+}，Pb^{2+}を沈殿させる。
2. 濃硫酸の性質…不揮発性，脱水・吸湿作用，加熱すると酸化剤

希硫酸ではH_2SO_4が電離しているので，$[H^+]$→大，$[SO_4^{2-}]$→大

濃硫酸ではH_2SO_4があまり電離していないので，$[H_2SO_4]$→大

(a) 誤り。濃硫酸は密度が水より大きい(1.8 g/cm^3)。

(b) 誤り。濃硫酸を水に溶かすと，多量の熱が発生するので，濃硫酸をうすめるときは，冷却しながら水に濃硫酸を少しずつ加えていく。

(c) 正しい。濃硫酸は吸湿性があるので，乾燥剤に用いられる。

(d) 正しい。塩化ナトリウムNaClを濃硫酸に加えて加熱すると，揮発性の塩化水素HClが発生する。

$$NaCl + H_2SO_4 \longrightarrow NaHSO_4 + HCl$$

(e) 正しい。濃硫酸は脱水作用があり，糖などを脱水する。たとえば，グルコース$C_6H_{12}O_6$を濃硫酸に加えると，次の反応が起こる。

$$C_6H_{12}O_6 \longrightarrow 6C + 6H_2O$$

(f) 正しい。熱濃硫酸(加熱した濃硫酸)は酸化力があり，水素よりイオン化傾向が小さい銅や銀と反応して，二酸化硫黄が発生する。

$$Cu + 2H_2SO_4 \longrightarrow CuSO_4 + 2H_2O + SO_2$$

31 2族

答

問1 ア $Ca(OH)_2$　イ CaO　ウ $CaCl_2$

問2 (a) $Ca + 2H_2O \longrightarrow Ca(OH)_2 + H_2$

(b) $Ca(OH)_2 + CO_2 \longrightarrow CaCO_3 + H_2O$

(c) $CaCO_3 + H_2O + CO_2 \longrightarrow Ca(HCO_3)_2$

(d) $CaCO_3 \longrightarrow CaO + CO_2$

(e) $CaC_2 + 2H_2O \longrightarrow C_2H_2 + Ca(OH)_2$

問3 84%

31 2族

解説

問1，2

解答への道しるべ

GR 1 **Caとその化合物**

$$Ca \xrightarrow{H_2O} Ca(OH)_2 \xrightarrow{CO_2} CaCO_3 \xrightarrow{過剰\ CO_2} Ca(HCO_3)_2$$

$Ca(OH)_2$ $\xrightarrow{-H_2O}$ CaO，CaO $\xrightarrow{+H_2O}$ $Ca(OH)_2$

$$CaO \xrightarrow[C]{-CO_2} CaC_2$$

(a)，ア　Ca はアルカリ土類金属元素であり，単体は常温の水と反応して水素を発生させる。

(a) $\mathbf{Ca + 2H_2O \longrightarrow Ca(OH)_2 + H_2}$

反応後の溶液は水酸化カルシウム ア $\mathbf{Ca(OH)_2}$ の水溶液(石灰水)となる。

また，$Ca(OH)_2$ は，消石灰と呼ばれる。

(b)　石灰水に二酸化炭素を通じると，炭酸カルシウムが生じる。

(b) $\mathbf{Ca(OH)_2 + CO_2 \longrightarrow CaCO_3 + H_2O}$

なお，$CaCO_3$ は石灰石と呼ばれ，大理石の主成分である。

(c)　さらに，二酸化炭素を通じると，炭酸カルシウムが溶解して無色の炭酸水素カルシウムの水溶液になる。

(c) $\mathbf{CaCO_3 + H_2O + CO_2 \longrightarrow Ca(HCO_3)_2}$

ここで，炭酸水素カルシウム $Ca(HCO_3)_2$ 水溶液を加熱すると，次式で表される上の反応の逆反応が起こり，CO_2 が発生して $CaCO_3$ の沈殿が生じる。

$Ca(HCO_3)_2 \longrightarrow CaCO_3 + H_2O + CO_2$

(d)，イ　炭酸カルシウム $CaCO_3$ を加熱すると酸化カルシウム イ $\mathbf{CaO}$ と CO_2 に分解する。

(d) $\mathbf{CaCO_3 \longrightarrow CaO + CO_2}$

得られた CaO は生石灰と呼ばれる。

ウ　CaO を塩酸に加えると塩化カルシウム ウ $\mathbf{CaCl_2}$ が生じる。

$CaO + 2HCl \longrightarrow CaCl_2 + H_2O$

$CaCl_2$ は，潮解性があり空気中の水分を吸収する。また，冬季に道路に散布する凍結防止剤としても使われている。

(e)　CaO とコークス C の混合物を強熱すると，炭化カルシウム CaC_2 が生成する。

$CaO + 3C \longrightarrow CaC_2 + CO$

得られた CaC_2 に水を加えると，アセチレン C_2H_2 が生じる。

(e) $\mathbf{CaC_2 + 2H_2O \longrightarrow C_2H_2 + Ca(OH)_2}$

問3

GR 2 混合物の計算

混合物の計算をするときに，反応を1つにまとめて書いてしまうと，計算がうまくできないことが多い。よって，反応式を別々に書き，それぞれの物質量を x，y などを用いて表すことが重要。

石灰石 10.00 g に含まれる炭酸カルシウム $CaCO_3$ を x〔mol〕，炭酸マグネシウム $MgCO_3$ を y〔mol〕とすると，$CaCO_3$ と $MgCO_3$ の熱分解の反応とその量的関係はそれぞれ次のように表される。

$$\underset{x}{CaCO_3} \longrightarrow \underset{x}{CaO} + \underset{x}{CO_2}$$

$$\underset{y}{MgCO_3} \longrightarrow \underset{y}{MgO} + \underset{y}{CO_2}$$

分解前の石灰石（$CaCO_3$（式量 100）と $MgCO_3$（式量 84））10.00 g を x と y を用いると，その関係は次の式(1)で表される。

$$100x + 84y = 10.00 \quad \cdots\cdots 式(1)$$

分解後の固体（CaO（式量 56）と MgO（式量 40）の混合物）の質量が 5.47 g より，その関係は次の式(2)で表される。

$$56x + 40y = 5.47 \quad \cdots\cdots 式(2)$$

式(1)と式(2)より，

$$x = 0.0844 \text{ mol}, \ y = 0.0185 \text{ mol}$$

よって，石灰石中の炭酸カルシウムの割合は，

$$\frac{100 \times 0.0844}{10.00} \times 100 = 84.4 \fallingdotseq 84\%$$

31

2族

32 アルミニウム

答

問1　1　ボーキサイト　　2　溶融塩(融解塩)　　3　炭素

問2　1.93×10^8 秒　　問3　不動態

問4　$Al_2O_3 + 2NaOH + 3H_2O \longrightarrow 2Na[Al(OH)_4]$

問5　$Al(OH)_3$

解説

問1

解答への道しるべ

GR 1 Al_2O_3の溶融塩電解

1000℃くらいで融解した**氷晶石** Na_3AlF_6 に Al_2O_3 を加えて，炭素を電極として，電気分解する。

陰極と陽極では，それぞれ次の反応が起こる。

(陰極)　$Al^{3+} + 3e^- \longrightarrow Al$

(陽極)　$C + O^{2-} \longrightarrow CO + 2e^-$

　　　または　$C + 2O^{2-} \longrightarrow CO_2 + 4e^-$

問1

アルミニウム Al の工業的製法は，まず，[1]**ボーキサイト**と呼ばれる鉱物から，次の(1)〜(3)の過程を経て，酸化アルミニウム Al_2O_3 がつくられる。

(1)　ボーキサイト(不純物を含む Al_2O_3)を濃い NaOH 水溶液に溶かす。

$$Al_2O_3 + 2NaOH + 3H_2O \longrightarrow 2Na[Al(OH)_4]$$

このときの不純物は沈殿している。

(2)　(1)で得られた溶液から沈殿物を取り除き，その溶液を冷却すると，水酸化アルミニウムが生成する。

$Na[Al(OH)_4] \longrightarrow NaOH + Al(OH)_3$

(3) $Al(OH)_3$ を強熱して，Al_2O_3 が得られる。

$2Al(OH)_3 \longrightarrow Al_2O_3 + 3H_2O$

得られた Al_2O_3 を融解した氷晶石に加えて，$_3$**炭素**を電極に用いて，$_2$**溶融塩（融解塩）**電解すると，陰極で Al が析出する。また，陽極からは CO，CO_2 が発生する。

（陰極） $Al^{3+} + 3e^- \longrightarrow Al$

（陽極） $C + O^{2-} \longrightarrow CO + 2e^-$

または $C + 2O^{2-} \longrightarrow CO_2 + 4e^-$

問2

求める時間を x〔秒〕とすると，溶融塩電解の陰極の反応から，

$$\frac{1.50 \times x}{9.65 \times 10^4} = \frac{27.0 \times 10^3}{27.0} \times 3$$

$x = 1.93 \times 10^8$〔秒〕

32 アルミニウム

問3

GR 2 不動態

濃硝酸に Al を加えると，Al の表面にち密な酸化被膜を形成し，内部を保護する不動態となる。このとき，Al の表面はち密な Al_2O_3 で覆われている。このような Al を不動態処理したものをアルマイトという。

Al，Fe，Ni などの金属は，濃硝酸に加えると，表面にち密な酸化被膜を形成して内部を保護する**不動態**を形成して，溶解しなくなる。

問4

GR 3 (i) Al，Al_2O_3の酸，強塩基との反応

1. Al 単体の反応

$2Al + 6HCl \longrightarrow 2AlCl_3 + 3H_2$

$2Al + 2NaOH + 6H_2O \longrightarrow 2Na[Al(OH)_4] + 3H_2$

2. Al_2O_3 の反応

$Al_2O_3 + 6HCl \longrightarrow 2AlCl_3 + 3H_2O$

$Al_2O_3 + 2NaOH + 3H_2O \longrightarrow 2Na[Al(OH)_4]$

Al_2O_3 は両性酸化物であり，酸や強塩基と反応する。

Al_2O_3 と NaOH の反応は次式で表される。

$\mathbf{Al_2O_3 + 2NaOH + 3H_2O \longrightarrow 2Na[Al(OH)_4]}$

また，Al_2O_3 と HCl の反応は次式で表される。

$Al_2O_3 + 6HCl \longrightarrow 2AlCl_3 + 3H_2O$

問 5

GR 3 **(ii) Al^{3+}の反応**

Al^{3+}	$\longrightarrow$	$Al(OH)_3$	$\longrightarrow$	$[Al(OH)_4]^-$
		水酸化アルミニウム （白色沈殿）		テトラヒドロキシド アルミン酸イオン

1. Al^{3+}を含む水溶液に塩基を加えると，白色ゲル状の水酸化アルミニウム $Al(OH)_3$ の沈殿が生じる。
2. $Al(OH)_3$ にアンモニアを加えても変化しないが，NaOH などの強塩基を加えると，テトラヒドロキシドアルミン酸イオン$[Al(OH)_4]^-$となって溶解する。

Al^{3+}を含む水溶液に少量の塩基を加えると，**$Al(OH)_3$** の白色沈殿が生じる。

$Al^{3+} + 3OH^- \longrightarrow Al(OH)_3$

$Al(OH)_3$ の沈殿にさらに NaOH を加えると，沈殿は溶解して無色のテトラヒドロキシドアルミン酸イオン$[Al(OH)_4]^-$が生成する。

$Al(OH)_3 + OH^- \longrightarrow [Al(OH)_4]^-$

33 遷移元素

答

問1 $Fe_2O_3 + 3CO \longrightarrow 2Fe + 3CO_2$

問2 $Cu \longrightarrow Cu^{2+} + 2e^-$　　問3 クロム

問4 $Pb^{2+} + CrO_4^{2-} \longrightarrow PbCrO_4$

問5 $2Al + Fe_2O_3 \longrightarrow Al_2O_3 + 2Fe$

問6 イ　自由電子　　ウ　展性　　オ　両性

問7 $Zn + 2NaOH + 2H_2O \longrightarrow Na_2[Zn(OH)_2] + H_2$

解説

問1

鉄の製錬において，鉄鉱石(Fe_2O_3)が溶鉱炉内で生じたCOによって還元される。

$$Fe_2O_3 + 3CO \longrightarrow 2Fe + 3CO_2$$

問2

解答への道しるべ

GR 1 銅の電解精錬

銅の電解精錬では，電解液に$CuSO_4$水溶液，粗銅を陽極に，純銅を陰極に用いて電気分解する。このとき，陰極では次の反応が起こる。

（陰極）　$Cu^{2+} + 2e^- \longrightarrow Cu$

また，粗銅の主成分はCuであるが，不純物としてイオン化傾向がCuより大きいFe，Znなどは，水溶液中に陽イオンとして存在し，イオン化傾向がCuより小さいAgなどは単体のまま**陽極泥**として陽極の下に析出する。

（陽極）　$Cu \longrightarrow Cu^{2+} + 2e^-$

Cu よりイオン化傾向が大きい金属

$Fe \longrightarrow Fe^{2+} + 2e^-$

$Zn \longrightarrow Zn^{2+} + 2e^-$

Cu よりイオン化傾向が小さい金属は，単体のまま陽極泥。

銅の電解精錬では，電解液に $CuSO_4$ 水溶液，粗銅を陽極に，純銅を陰極に用いて電気分解する。陽極は主に銅なので，銅が反応する。

（陽極）　$Cu \longrightarrow Cu^{2+} + 2e^-$

問3

GR 2 合金

- **ステンレス鋼**…Fe，Ni，Cr
- **黄銅（真ちゅう）**…Cu，Zn
- **青銅（ブロンズ）**…Zn，Sn

鉄にクロム，ニッケルを加えて得られた合金は，ステンレス鋼と呼ばれ，さびにくいので台所用品などに用いられている。アのオキソ酸のカリウム塩で水溶液が黄色になるのは，クロム酸カリウム K_2CrO_4 である。よって，(ア)は**クロム**である。

問4

クロム酸イオン CrO_4^{2-} は，Pb^{2+}，Ba^{2+}，Ag^+ と反応して，それぞれ難溶性の塩を生じる。

$Pb^{2+} + CrO_4^{2-} \longrightarrow PbCrO_4$（黄色沈殿）

$Ba^{2+} + CrO_4^{2-} \longrightarrow BaCrO_4$（黄色沈殿）

$2Ag^+ + CrO_4^{2-} \longrightarrow Ag_2CrO_4$（暗赤色沈殿）

問5

Al と Fe_2O_3 の混合物を点火すると，Al のイオン化傾向が大きいので，多量の熱や光を生じながら，Al_2O_3 が生成する。この反応を，**テルミット反応**という。

$2Al + Fe_2O_3 \longrightarrow Al_2O_3 + 2Fe$

問6

GR 3 金属の性質

金属の結晶全体を自由電子が移動しながら原子どうしを結びつけている。そのため，金属は，電気，熱をよく伝える性質や，展性，延性がある。

金属は，一般に酸と反応するが，Al，Zn，Sn，Pb は強塩基とも反応する。これらを**両性金属**という。

銅 Cu は，金属の単体であり，原子どうしは金属結合によって結びついている。このとき，銅原子の最外殻電子は自由電子となり，結晶全体を移動できる。この$_イ$**自由電子**によって，熱や電気をよく導く。

また，金属の性質には，叩いて薄く広げることができる性質(**展性**)や，引き延ばすことができる性質($_ウ$**延性**)がある。

さらに，黄銅は，銅と$_エ$**亜鉛**の合金であり，加工しやすい。

酸や強塩基と反応する金属を$_オ$**両性金属**といい，Al，Zn，Sn，Pb がある。

33

遷移元素

問7

Zn は両性金属で，NaOH 水溶液とは次のように反応する。

$$Zn + 2NaOH + 2H_2O \longrightarrow Na_2[Zn(OH)_2] + H_2$$

また，希硫酸とは次のように反応する。

$$Zn + H_2SO_4 \longrightarrow ZnSO_4 + H_2$$

34 気体の発生

答

問1 (a) $Cu + 4HNO_3 \longrightarrow Cu(NO_3)_2 + 2H_2O + 2NO_2$

(b) $Cu + 2H_2SO_4 \longrightarrow CuSO_4 + 2H_2O + SO_2$

(c) $FeS + H_2SO_4 \longrightarrow FeSO_4 + H_2S$

(d) $2NH_4Cl + Ca(OH)_2 \longrightarrow CaCl_2 + 2H_2O + 2NH_3$

(e) $2H_2O_2 \longrightarrow 2H_2O + O_2$

(f) $NaCl + H_2SO_4 \longrightarrow NaHSO_4 + HCl$

(g) $Zn + 2HCl \longrightarrow ZnCl_2 + H_2$

加熱が必要な反応：(b), (d), (f)

問2 (a) ② (b) ② (c) ② (d) ① (e) ③

(f) ②

問3 (a) ①, ③ (d) ②

問4 (b) ③ (c) ②

問5 4.0×10^{-3} mol

解説

問1，2

解答への道しるべ

GR 1 (i) 加熱が必要な条件

1. 固体(＋固体)
2. 固体＋濃酸(濃塩酸または濃硫酸)

GR 1 (ii) 気体の捕集法

- **水溶性**の気体
  - 空気より重い――**下方置換**……Cl_2，NO_2 など
    (空気の平均分子量 29 より分子量が大)
  - 空気より軽い――**上方置換**……NH_3 など
    (空気の平均分子量 29 より分子量が小)
- **水に難溶**の気体――――――水上置換……H_2，O_2，NO など

(a)～(g)で起こる反応はそれぞれ次の化学反応式で表される。ただし，化学式を□で囲んだ物質は，固体を表す。

(a)　$\boxed{Cu} + 4HNO_3 \longrightarrow Cu(NO_3)_2 + 2H_2O + 2NO$

この反応は，酸化還元反応で，硝酸を用いているので加熱を必要としない。また，発生した NO_2（分子量 46）は赤褐色，刺激臭で，水に溶けて酸性を示すので，②下方置換で捕集する。

(b)　$\boxed{Cu} + 2H_2SO_4 \longrightarrow CuSO_4 + 2H_2O + SO_2$

この反応は酸化還元反応で，濃硫酸を用いているので加熱する必要がある。また，発生した SO_2（分子量 64）は，無色，刺激臭で水に溶けて酸性を示す気体なので，②下方置換で捕集する。

(c)　$\boxed{FeS} + H_2SO_4 \longrightarrow FeSO_4 + H_2S$

この反応は，弱酸遊離反応で，希硫酸を用いているので加熱する必要はない。また，発生した H_2S（分子量 34）は無色，腐卵臭で水に溶けて酸性を示す気体なので，②下方置換で捕集する。

(d)　$2\,\boxed{NH_4Cl} + \boxed{Ca(OH)_2} \longrightarrow CaCl_2 + 2H_2O + 2NH_3$

この反応は，弱塩基遊離反応で，反応物がともに固体なので加熱する必要がある。また，発生したNH_3（分子量17）は，無色，刺激臭で水によく溶けて塩基性を示す気体なので，①上方置換で捕集する。

(e)　$2H_2O_2 \longrightarrow 2H_2O + O_2$

この反応は，酸化還元反応で，加熱を必要としない。また，発生したO_2は無色，無臭で水に溶けにくい気体なので，③水上置換で捕集する。

なお，この反応で，酸化マンガン(Ⅳ)MnO_2は触媒としてはたらいている。

(f)　$NaCl + H_2SO_4 \longrightarrow NaHSO_4 + HCl$

この反応は，揮発性酸遊離といわれる反応で，濃硫酸を用いているので，加熱する必要がある。発生したHCl（分子量36.5）は，無色，刺激臭で水によく溶けて酸性を示す気体なので，②下方置換で捕集する。

(g)　$Zn + 2HCl \longrightarrow ZnCl_2 + H_2$

この反応は，酸化還元反応で，希塩酸を用いているので，加熱を必要としない。また，発生したH_2は無色，無臭で水に溶けにくい気体なので，③水上置換で捕集する。

問3

GR 2 気体の乾燥

ある気体Xの乾燥剤として用いることができないもの

	乾燥剤	気体X	理由(反応)
酸性	十酸化四リン	NH_3	中和
	濃硫酸	NH_3	中和
		H_2S	酸化還元反応
中性	塩化カルシウム	NH_3	化合物をつくる
塩基性	ソーダ石灰（NaOHとCaOの混合物）	Cl_2，NO_2，SO_2，HClなど酸性の気体	中和

乾燥したい気体と反応するものは乾燥剤に使えない。

①の塩化カルシウム $CaCl_2$ は中性の乾燥剤，②のソーダ石灰($NaOH$ と CaO の混合物)は塩基性の乾燥剤，③の濃硫酸 H_2SO_4 は酸性の乾燥剤である。

(a) NO_2 は酸性の気体なので，②のソーダ石灰では，中和反応が起こり乾燥剤に吸収されてしまう。よって，②は用いることができない。

(d) NH_3 は塩基性の気体なので，③の濃硫酸では，中和反応が起こり乾燥剤に吸収されてしまう。よって，③は用いることができない。また，①の $CaCl_2$ は中性の乾燥剤ではあるが，アンモニアを吸収して $CaCl_2 \cdot 8NH_3$ を形成するので，乾燥剤に吸収されてしまう。よって，①も用いることができない。

問4

選択肢の①～④の気体はそれぞれ次のようになる。

① CO_2 を石灰水($Ca(OH)_2$ 水溶液)に通じると，炭酸カルシウムの白色沈殿が生じて，白濁する。

$$Ca(OH)_2 + CO_2 \longrightarrow CaCO_3 + H_2O$$

② 腐卵臭の有毒な気体である H_2S と酢酸鉛(II)が反応すると PbS の黒色沈殿が生成する。

$$H_2S + (CH_3COO)_2Pb \longrightarrow PbS + 2CH_3COOH$$

③ SO_2 は，刺激臭の有毒な気体で，還元剤としてはたらき，漂白作用がある。

④ NO は，無色の気体で，空気に触れると赤褐色の気体である NO_2 になる。

$$2NO + O_2 \longrightarrow 2NO_2$$

問5

GR 3 水上置換で捕集した気体の圧力

水上置換で気体を捕集するときは，捕集した容器は水面に接しているので，容器内の気体は捕集した気体と，水蒸気の混合気体となっている。よって，捕集した気体を求めるときは，**全圧から蒸気圧を引かなければ，目的の気体の圧力とはならない。**

発生した H_2 の物質量を x〔mol〕とすると，水上置換で捕集しているので，

$$(1.04 \times 10^5 - 4.0 \times 10^3) \times \frac{99.6}{1000} = x \times 8.3 \times 10^3 \times (27 + 273)$$

$x = 4.0 \times 10^{-3}$ mol

35 金属イオンの沈殿

答

問 1　A　$AgCl$，白色　　B　$PbCrO_4$，黄色　　C　CuS，黒色

D　$Fe(OH)_3$，赤褐色　　E　ZnS，白色　　F　$CaCO_3$，白色

問 2　$AgCl + 2NH_3 \longrightarrow [Ag(NH_3)_2]^+ + Cl^-$

問 3　硫化水素で鉄(II)イオンに還元されたので，硝酸により酸化して鉄(III)イオンに酸化するため。(41 字)

解説

問 1

解答への道しるべ

GR 1 (i) 金属イオンの沈殿

1. 塩基を加えたとき，
沈殿しない……Li^+，K^+，Ca^{2+}，Na^+
水酸化物が沈殿……
Mg^{2+}，Al^{3+}，Zn^{2+}，Fe^{3+}，(Fe^{2+})，Ni^{2+}，Sn^{2+}，Pb^{2+}，Cu^{2+}
酸化物が沈殿……Hg^{2+}，Ag^+
2. 過剰の強塩基(NaOH など)を加えて，沈殿が溶解する。
両性水酸化物
(例)　$Al(OH)_3 \longrightarrow [Al(OH)_4]^-$
(テトラヒドロキシドアルミン酸イオン)
$Zn(OH)_2 \longrightarrow [Zn(OH)_4]^{2-}$
(テトラヒドロキシド亜鉛(II)酸イオン)
3. 過剰の NH_3 を加えて，沈殿が溶解する。Ag^+，Cu^{2+}，Zn^{2+} など

（例） Ag_2O ⟶ $[Ag(NH_3)_2]^+$
褐色　（ジアンミン銀(I)イオン，無色，直線）

$Cu(OH)_2$ ⟶ $[Cu(NH_3)_4]^{2+}$
青白色　（テトラアンミン銅(II)イオン，深青色，正方形）

$Zn(OH)_2$ ⟶ $[Zn(NH_3)_4]^{2+}$
白色　（テトラアンミン亜鉛(II)イオン，無色，正四面体）

GR 1 (ii) **金属イオンの沈殿**

（イオン化列で，イオンを並べて考える）

硫化水素 H_2S を加えたとき，硫化物の沈殿が生成するかどうか。

1. 沈殿しない……K^+～Al^{3+}
2. 水溶液が酸性条件では沈殿しない（中性，塩基性なら沈殿）
……Zn^{2+}，Fe^{3+}，（Fe^{2+}），Ni^{2+}
3. 水溶液が何性でも沈殿する。……Sn^{2+}～Ag^+

硫化物の沈殿は黒色のものがほとんどであるが，ZnS（白色），MnS（淡赤色），CdS（黄色）などもある。

GR 2 **金属イオンの沈殿（陰イオンを加えたとき）**

（　）内は沈殿の化学式，白色沈殿でないものは色を記した。

1. Cl^- を加えて沈殿……Ag^+（AgCl），Pb^{2+}（$PbCl_2$，熱湯で溶ける）
2. SO_4^{2-} を加えて沈殿……Ba^{2+}（$BaSO_4$），Ca^{2+}（$CaSO_4$），Pb^{2+}（$PbSO_4$）
3. CO_3^{2-} を加えて沈殿
……Ca^{2+}（$CaCO_3$），Ba^{2+}（$BaCO_3$）など 2 価の陽イオン
4. CrO_4^{2-} を加えて沈殿
……Ag^+（Ag_2CrO_4，暗赤色），Ba^{2+}（$BaCrO_4$，黄色），Pb^{2+}（$PbCrO_4$，黄色）

操作① HCl を加えると，AgCl，$PbCl_2$ が沈殿する。

ろ液中に Ca^{2+}，Cu^{2+}，Fe^{3+}，Zn^{2+} が存在する。

操作⑨熱湯を加えると，$PbCl_2$ は溶解してろ液に移る。よって，沈殿 A は白色沈殿の AgCl である。

また，Pb^{2+} に操作⑩の K_2CrO_4 を加えると，沈殿 B の黄色沈殿 $PbCrO_4$ が生成する。

操作①の後の塩酸酸性のろ液に操作② H_2S を通じると，沈殿 C の黒色沈殿 CuS が生成する。ろ液には，Ca^{2+}，Fe^{3+}，Zn^{2+}が存在するが，H_2S によって，Fe^{3+}は Fe^{2+}に還元されているもの多く存在する。

操作③煮沸することで，ろ液中に含まれる H_2S を追い出し，操作④で Fe^{2+}を Fe^{3+}に酸化する。さらに，操作⑤で水溶液を塩基性にすると，沈殿 D の Fe^{3+}は赤褐色沈殿の $Fe(OH)_3$ として沈殿する。ここで，Ca^{2+}はろ液中に残り，Zn^{2+}は$[Zn(NH_3)_4]^{2+}$としてろ液中に残る。

操作⑥で，NH_3 で塩基性になっているろ液に H_2S を通じると，沈殿 E の白色沈殿の ZnS が生成する。ろ液に，Ca^{2+}が残る。

操作⑦で，ろ液を加熱して H_2S を追い出し，さらに操作⑧で$(NH_4)_2CO_3$ を加えると，沈殿 F の白色の $CaCO_3$ が沈殿する。

問 2

GR 3 ハロゲン化銀の溶解

ハロゲン化銀に NH_3，チオ硫酸ナトリウム $Na_2S_2O_3$，シアン化カリウム KCN の水溶液を加えたときの溶解性は次のようになる。

	NH_3	$Na_2S_2O_3$	KCN
AgCl(黄色)	○	○	○
AgBr(淡黄色)	△	○	○
AgI(黄色)	×	○	○

○…溶ける，△…少し溶ける，×…ほとんど溶けない

沈殿 A の AgCl は，NH_3 を加えると，ジアンミン銀(I)イオン$[Ag(NH_3)_2]^+$を生じて溶解する。

$$AgCl + 2NH_3 \longrightarrow [Ag(NH_3)_2]^+ + Cl^-$$

問 3

Fe^{2+}と Fe^{3+}を含む溶液に $NH_3 - NH_4Cl$ の緩衝液を加えたときの，溶液中に残る$[Fe^{2+}]$と$[Fe^{3+}]$を求めてみる。

$Fe(OH)_2$ の溶解度積 $K_{SP} = [Fe^{2+}][OH^-]^2 = 1 \times 10^{-15}\ (mol/L)^3$ 程度であり，また，$Fe(OH)_3$ の溶解度積 $K_{SP} = [Fe^{3+}][OH^-]^3 = 1 \times 10^{-38}\ (mol/L)^4$ 程度である。

たとえば，$NH_3 - NH_4Cl$ の緩衝液を pH = 9 とすると，$[OH^-] = 1.0 \times$

10^{-5} mol/L となり，このときのろ液中の$[Fe^{2+}]$と$[Fe^{3+}]$をそれぞれ求めると，次のようになる。

$$[Fe^{2+}] = \frac{1 \times 10^{-15}}{(1.0 \times 10^{-5})^2} = 1 \times 10^{-5}\ \mathrm{mol/L}$$

$$[Fe^{3+}] = \frac{1 \times 10^{-38}}{(1.0 \times 10^{-5})^3} = 1 \times 10^{-23}\ \mathrm{mol/L}$$

これより，ろ液中の$[Fe^{2+}] \gg [Fe^{3+}]$となり，鉄のイオンを沈殿として分離させるためには，Fe^{2+}を硝酸でFe^{3+}に酸化したほうがよい。

CHAPTER 3 有機化学

36 炭化水素

答

問1 ア：2　イ：4　ウ：赤褐

問2 CH_3Cl，CH_2Cl_2，$CHCl_3$，CCl_4

問3 $CH_3-CH(Cl)-CH_2(Cl)$

$$\begin{array}{l} CH_3-\underset{\displaystyle Cl}{\underset{|}{CH}}-\underset{\displaystyle Cl}{\underset{|}{CH_2}} \end{array}$$

問4 (b)，(d)

問5

$$CH_3-CH_2-\underset{\displaystyle OH}{\underset{|}{CH_2}} \qquad CH_3-\underset{\displaystyle OH}{\underset{|}{CH}}-CH_3$$

主生成物：2-プロパノール

問6

A $\; CH_2=\underset{\displaystyle Cl}{\underset{|}{CH}}$　B $\; CH_2=\underset{\displaystyle OCOCH_3}{\underset{|}{CH}}$　C $\; CH_2=\underset{\displaystyle OH}{\underset{|}{CH}}$

D $\; CH_3-\underset{\displaystyle O}{\underset{\|}{C}}-H$

解説

問1

解答への道しるべ

GR 1 (i) 異性体の考え方

1. 炭素骨格の長いほうから順に書き出していく。
2. 不飽和結合($C=C$，$C\equiv C$)などの位置を考える。
3. $-Cl$，$-Br$ などの置換基，$-OH$，$-NH_2$ などの官能基の位置を考える。

GR 2 (i) **アルケン，アルキンの反応**

アルケン C_nH_{2n}($C=C$ 結合を1つもつ)やアルキン C_nH_{2n-2}($C\equiv C$ を1つもつ)は，**付加反応**しやすい。

$$CH_2=CH_2 + H-X \longrightarrow CH_3-CH_2-X$$

ア：分子式が C_3H_7Cl の構造異性体は，次の2種類である。

$CH_3-CH_2-CH_2Cl$（1-クロロプロパン）　$CH_3-CHCl-CH_3$（2-クロロプロパン）

イ：分子式が $C_3H_6Cl_2$ の構造異性体は，次の4種類である。

$CH_3-CH_2-CHCl_2$　$CH_3-CHCl-CH_2Cl$　$CH_2Cl-CH_2-CH_2Cl$　$CH_3-CCl_2-CH_3$

ウ：プロペン $CH_3-CH=CH_2$ に Br_2 を付加すると，Br_2 の赤褐色が消える。

$$CH_3-CH=CH_2 + Br_2 \longrightarrow CH_3-CHBr-CH_2Br$$

問2

GR 3 **アルカンの反応**

アルカン C_nH_{2n+2}(すべて単結合)は，**置換反応**しやすい。
たとえば，メタン CH_4 と塩素 Cl_2 の混合物に紫外線を照射すると，

$$CH_4 + Cl_2 \longrightarrow CH_3Cl + HCl$$

H原子がCl原子に置換される。

メタン CH_4 と塩素 Cl_2 の混合物に紫外線を照射すると，置換反応が次々と起こる。

$$CH_4 \longrightarrow CH_3Cl \longrightarrow CH_2Cl_2 \longrightarrow CHCl_3 \longrightarrow CCl_4$$

CH_3Cl：クロロメタン　CH_2Cl_2：ジクロロメタン　$CHCl_3$：トリクロロメタン（クロロホルム）　CCl_4：テトラクロロメタン（四塩化炭素）

問3

GR 1 (ii) **不斉炭素原子**

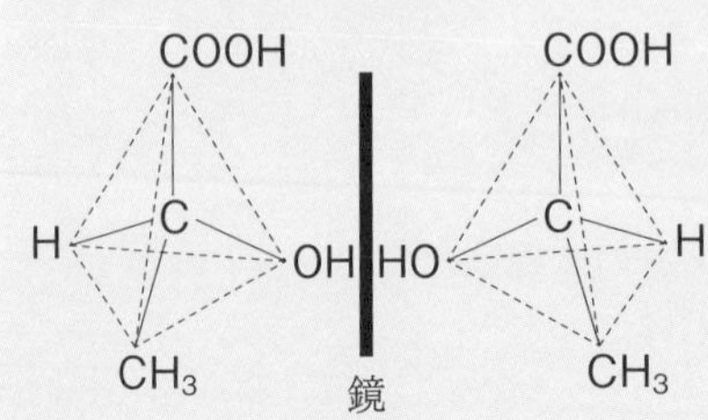

左の乳酸のように1つのC原子にH, OH, CH_3, COOHなど4つの異なる原子または原子団が結合したC原子を**不斉炭素原子**という。不斉炭素原子が存在すると，左のように1対の鏡像異性体が存在する。

問1イより，不斉炭素原子をもつ構造は，次の1,2-ジクロロプロパンである。

$$\mathrm{CH_3-\overset{*}{C}H(Cl)-CH_2Cl}$$

問4

GR 1 (iii) **シス-トランス異性体**

①≠②かつ③≠④であるとき，C=Cは回転ができないので，立体的には異なる化合物となる。このような異性体を**シス-トランス異性体**(幾何異性体)という。

(①, ②)C=C(③, ④)

次の1,2-ジクロロエチレンには，シス-トランス異性体が存在する。

シス形：(H, Cl)C=C(H, Cl)　トランス形：(H, Cl)C=C(Cl, H)

(a)〜(d)の構造をC=C結合の部分の結合に注意して立体的に表すと，次のようになる。

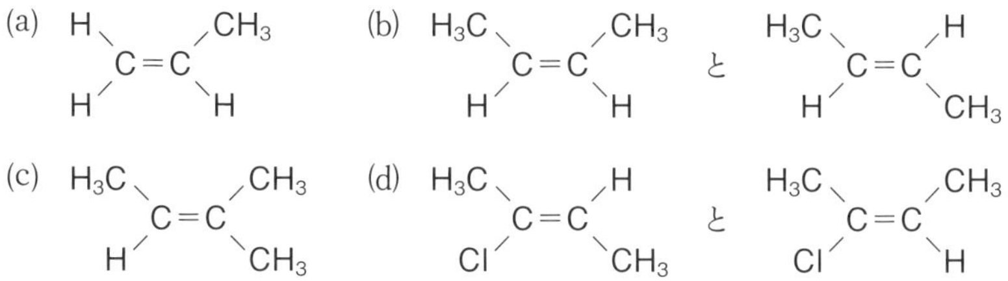

(a) H, H / $\mathrm{C=C}$ / $\mathrm{CH_3}$, H

$$\begin{matrix} \mathrm{H} & & & & \mathrm{CH_3} \\ & \diagdown & & \diagup & \\ & & \mathrm{C=C} & & \\ & \diagup & & \diagdown & \\ \mathrm{H} & & & & \mathrm{H} \end{matrix}$$

(b)

$$\begin{matrix} \mathrm{H_3C} & & & & \mathrm{CH_3} \\ & \diagdown & & \diagup & \\ & & \mathrm{C=C} & & \\ & \diagup & & \diagdown & \\ \mathrm{H} & & & & \mathrm{H} \end{matrix} \quad と \quad \begin{matrix} \mathrm{H_3C} & & & & \mathrm{H} \\ & \diagdown & & \diagup & \\ & & \mathrm{C=C} & & \\ & \diagup & & \diagdown & \\ \mathrm{H} & & & & \mathrm{CH_3} \end{matrix}$$

(c)

$$\begin{matrix} \mathrm{H_3C} & & & & \mathrm{CH_3} \\ & \diagdown & & \diagup & \\ & & \mathrm{C=C} & & \\ & \diagup & & \diagdown & \\ \mathrm{H} & & & & \mathrm{CH_3} \end{matrix}$$

(d)

$$\begin{matrix} \mathrm{H_3C} & & & & \mathrm{H} \\ & \diagdown & & \diagup & \\ & & \mathrm{C=C} & & \\ & \diagup & & \diagdown & \\ \mathrm{Cl} & & & & \mathrm{CH_3} \end{matrix} \quad と \quad \begin{matrix} \mathrm{H_3C} & & & & \mathrm{CH_3} \\ & \diagdown & & \diagup & \\ & & \mathrm{C=C} & & \\ & \diagup & & \diagdown & \\ \mathrm{Cl} & & & & \mathrm{H} \end{matrix}$$

よって，(b)，(d)にはシス-トランス異性体が存在する。

問5

GR 2 (ii) マルコフニコフ則

$\mathrm{C=C}$(または$\mathrm{C\equiv C}$)結合を含む化合物に$\mathrm{H-X}$が付加するとき，$\mathrm{C=C}$(または$\mathrm{C\equiv C}$)の炭素原子につくH原子の多いほうにH原子が，H原子の少ないほうにXが付加しやすい。

プロペン$\mathrm{CH_3-CH=CH_2}$に$\mathrm{H_2O}$が付加するときには，次の2種類のアルコールが生成する。

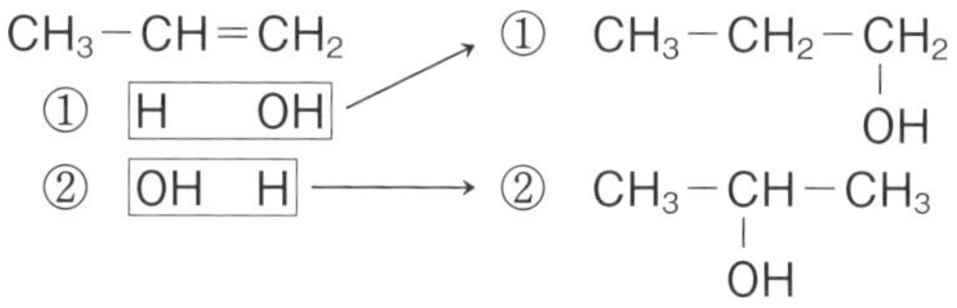

$$\begin{matrix} \mathrm{CH_3-CH=CH_2} & & \\ ①\ \boxed{\mathrm{H}\quad\mathrm{OH}} & \longrightarrow & ①\ \mathrm{CH_3-CH_2-\underset{\mid \atop \mathrm{OH}}{CH_2}} \\ ②\ \boxed{\mathrm{OH}\quad\mathrm{H}} & \longrightarrow & ②\ \mathrm{CH_3-\underset{\mid \atop \mathrm{OH}}{CH}-CH_3} \end{matrix}$$

マルコフニコフ則より，$\mathrm{C=C}$の炭素原子につくH原子の多いほうにH原子が付加しやすい(主生成物)ので，主生成物は②(2-プロパノール)と決まる。

問6

GR 2 (iii) エノール

$\mathrm{C=C}$結合にヒドロキシ$-\mathrm{OH}$基が直接結合した構造$\mathrm{C=C-OH}$をエノールといい，不安定な構造なので，異性化が起こり，安定なケト形 $\begin{matrix} \mathrm{C} - \mathrm{C} \\ \mid \quad \parallel \\ \mathrm{H} \quad \mathrm{O} \end{matrix}$ の構造に変化する。

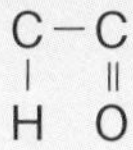

36

炭化水素

アセチレン $CH\equiv CH$ に化合物 HX を付加させると，生成物は $CH_2=CH-X$ となることより，A では X = Cl，B では $X = OCOCH_3$，C では，X = OH となる。よって，生成物の構造式はそれぞれ次のようになる。

A $CH_2=CH-Cl$　　B $CH_2=CH-OCOCH_3$　　C $CH_2=CH-OH$

ここで，C=C−OH の構造をエノール形といい，不安定な構造なので，すぐに異性化が起こる。C（ビニルアルコール）では，D アセトアルデヒドに異性化する。

$$\text{C}\quad CH_2=CH-OH \xrightarrow{\text{異性化}} \text{D}\quad CH_3-C(=O)-H$$

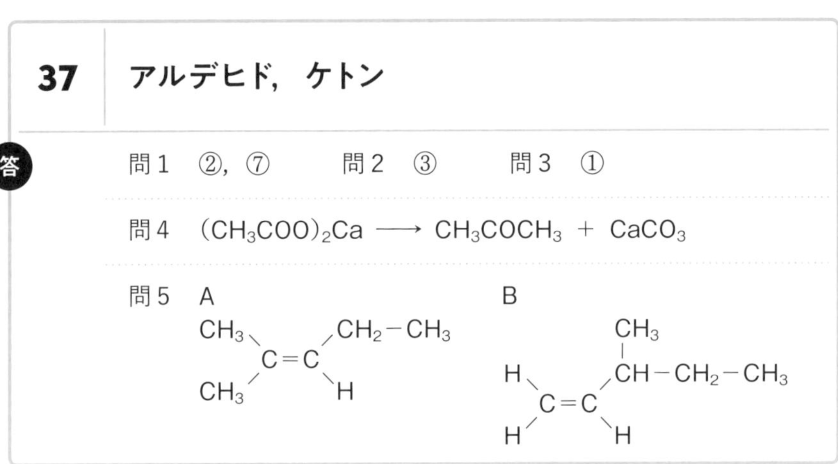

37　アルデヒド，ケトン

答

問1　②，⑦　　問2　③　　問3　①

問4　$(CH_3COO)_2Ca \longrightarrow CH_3COCH_3 + CaCO_3$

問5　A　$(CH_3)_2C=CH-CH_2-CH_3$　　B　$H_2C=CH-CH(CH_3)-CH_2-CH_3$

解説

問1

解答への道しるべ

GR 1 ヨードホルム反応

ヨウ素と水酸化ナトリウム水溶液を加えて温めると，ヨードホルム CHI_3 の黄色沈殿が生じる。この反応は，下に示す部分構造をもつ化合物が示す。

$$CH_3-\underset{\underset{OH}{|}}{CH}-R \quad \text{または,} \quad CH_3-\underset{\underset{O}{\|}}{C}-R$$

（ただし，R は H 原子または，C 原子から始まる構造）

実験イはヨードホルム反応で，ヨードホルム反応が陽性の物質は，

② $CH_3-\overset{\overset{H}{|}}{\underset{\underset{OH}{|}}{C}}-H$ 　⑦ $C_6H_5-\overset{\overset{O}{\|}}{C}-CH_3$

枠線の部分がヨードホルム反応陽性になる基本構造であり，②では R の部分が H，⑦では CH_3 であり，どちらも反応を示す。

問2

GR 2 ホルミル基（アルデヒド基）の検出

下の２つの反応はいずれもホルミル基の還元性を利用した反応である。

1. **銀鏡反応**

 アンモニア性硝酸銀（$[Ag(NH_3)_2]^+$）水溶液を加えて温めると，Ag が析出する。

2. **フェーリング液の還元**

 フェーリング液を加えて温めると，酸化銅(I) Cu_2O の赤色沈殿が生じる。

実験ウは銀鏡反応であり，③**ホルミル基（アルデヒド基）**をもつ化合物が反応

する。よって，化合物 D はホルミル基をもつことがわかる。

問 3

アンモニア性硝酸銀水溶液中で Ag^+ はジアンミン銀(I)イオン $[Ag(NH_3)_2]^+$ として存在している。アルデヒドは還元性を示すので，$[Ag(NH_3)_2]^+$ を Ag に還元する。このとき，アルデヒド自身は①**酸化される**。

問 4

酢酸カルシウムを熱分解すると，アセトンが生成する。この反応は脱炭酸反応であり，同時に炭酸のカルシウム塩である $CaCO_3$ が生成する。

$$(CH_3COO)_2Ca \longrightarrow CH_3COCH_3 + CaCO_3$$

なお，同じ考え方で，酢酸ナトリウムと水酸化ナトリウムを混ぜて加熱すると，メタンと炭酸ナトリウムが生じる。

$$CH_3COONa + NaOH \longrightarrow CH_4 + Na_2CO_3$$

問 5

GR 3 アルケンの酸化（O_3分解）

C=C をもつ化合物は O_3 によって，次のように酸化開裂される。

$$\begin{matrix} R_1 & & R_3 \\ & C=C & \\ R_2 & & R_4 \end{matrix} \xrightarrow{\text{オゾン分解}} \begin{matrix} R_1 & \\ & C=O \\ R_2 & \end{matrix} + \begin{matrix} & R_3 \\ O=C & \\ & R_4 \end{matrix}$$

（R_1〜R_4はアルキル基または水素）

得られた化合物は，アルデヒドまたはケトンとなる。

化合物 A をオゾン分解すると化合物 C と D が得られ，C は問 4 より，アセトン CH_3COCH_3 と決まる。よって，D は炭素数 3 で銀鏡反応を示すので，ホルミル基をもつことがわかり，プロピオンアルデヒド CH_3CH_2CHO と決まる。よって，A の構造は，オゾン分解の反応を逆に考えて求められる。

$$\begin{matrix} CH_3 & \\ & C=O \\ CH_3 & \end{matrix} \quad \begin{matrix} & CH_2-CH_3 \\ O=C & \\ & H \end{matrix} \longrightarrow \begin{matrix} CH_3 & & CH_2-CH_3 \\ & C=C & \\ CH_3 & & H \end{matrix}$$

化合物 C　　化合物 D　　化合物 A

化合物 B をオゾン分解するとホルムアルデヒドと化合物 E が得られ，E は炭素数 5 で銀鏡反応を示すので，ホルミル基をもつことがわかる。また，E は不斉炭素原子をもつので，次の構造と決まる。

$$\mathrm{CH_3-CH_2-\overset{*}{C}H(CH_3)-C(=O)-H}$$

（$\mathrm{CH_3-CH_2-\overset{*}{C}H(CH_3)-}$ の部分：不斉炭素原子をもつ構造，$\mathrm{-C(=O)-H}$：← ホルミル基）

よって，B の構造は，オゾン分解の反応を逆に考えて求められる。

$$\underset{\text{ホルムアルデヒド}}{\mathrm{H_2C=O}} + \underset{\text{化合物E}}{\mathrm{O=CH-CH(CH_3)-CH_2-CH_3}} \longrightarrow \underset{\text{化合物B}}{\mathrm{H_2C=CH-CH(CH_3)-CH_2-CH_3}}$$

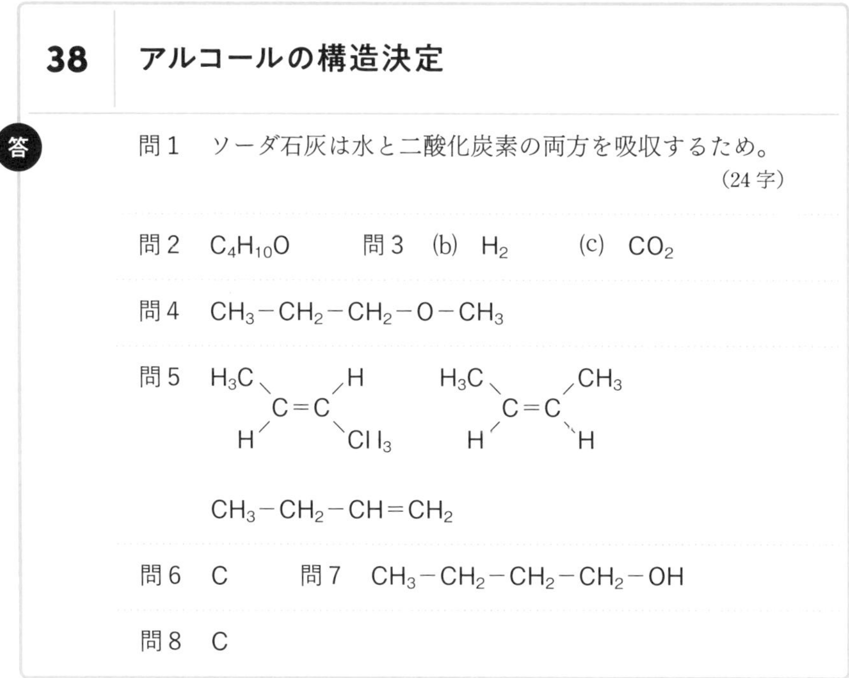

38 アルコールの構造決定

答

問 1　ソーダ石灰は水と二酸化炭素の両方を吸収するため。（24 字）

問 2　$\mathrm{C_4H_{10}O}$　　問 3　(b)　$\mathrm{H_2}$　　(c)　$\mathrm{CO_2}$

問 4　$\mathrm{CH_3-CH_2-CH_2-O-CH_3}$

問 5　$\mathrm{H_3C(H)C=C(H)CH_3}$（H₃C と H が左，H と CH₃ が右：トランス形）　$\mathrm{H_3C(H)C=C(CH_3)H}$（シス形）

$\mathrm{CH_3-CH_2-CH=CH_2}$

問 6　C　　問 7　$\mathrm{CH_3-CH_2-CH_2-CH_2-OH}$

問 8　C

解説

問1

解答への道しるべ

GR 1 元素分析

化合物を完全燃焼したとき，生じた CO_2 の質量から化合物中のC原子の質量を，生じた H_2O の質量から化合物中のH原子の質量を求めて，組成式(実験式)を決定する操作。元素分析では試料を完全燃焼させて，塩化カルシウム管，ソーダ石灰管の順に通すと，塩化カルシウム管で H_2O が，ソーダ石灰管で CO_2 がそれぞれ吸収される。

塩化カルシウム，ソーダ石灰はともに乾燥剤として用いられる。ソーダ石灰は NaOH と CaO の混合物だから，この実験では，吸収管の順序を逆にすると，H_2O だけでなく，CO_2 も吸収してしまう。よって，化合物に含まれるCとHの質量を区別できなくなるからである。

問2

実験(1)より，化合物 37 mg に含まれる C，H，O の質量はそれぞれ次のようになる。

$$\mathrm{C}: 88 \times \frac{12}{44} = 24\ \mathrm{mg} \qquad \mathrm{H}: 45 \times \frac{2.0}{18} = 5.0\ \mathrm{mg}$$

$$\mathrm{O}: 37 - (24 + 5.0) = 8.0\ \mathrm{mg}$$

よって，原子数の比は，

$$\mathrm{C}:\mathrm{H}:\mathrm{O} = \frac{24}{12} : \frac{5.0}{1.0} : \frac{8.0}{16} = 4 : 10 : 1$$

組成式は $C_4H_{10}O$（組成式量 74)であり，分子量は 100 以下なので，分子式も $C_4H_{10}O$

問3

GR 2 (i) **アルコールとエーテルの区別**

1. 炭素数の少ないアルコールは水に溶ける。しかし，エーテルは水に溶けない。
2. アルコールは分子間で水素結合を形成するために，沸点は同じ分子式のエーテルと比べて高い。
3. アルコールは金属 Na を加えると，H_2 を発生させる。

$$2R-OH + 2Na \longrightarrow 2R-ONa + H_2$$

エーテル(R_1-O-R_2)は$-OH$基をもたないので，Na と反応しない。

(b) アルコール R−OH はヒドロキシ基をもつので，金属 Na を加えると気体 H_2 が発生する。その反応は次の反応式で表される。

$$2R-OH + 2Na \longrightarrow 2R-ONa + H_2$$

(c) 炭酸より強い酸に炭酸水素ナトリウムを加えると，CO_2 が発生する。この問題では，カルボン酸 R−COOH は炭酸より強い酸なので，カルボン酸が生成したことを検出する反応である。

$$R-COOH + NaHCO_3 \longrightarrow R-COONa + H_2O + CO_2$$

問4

GR 3 (i) **アルコールの脱水**

1. **分子間脱水**(縮合)……エーテルが生成

$$2R-OH \longrightarrow R-O-R + H_2O$$

2. **分子内脱水**(脱離)……アルケンが生成

$$R_1-CH_2-CH(OH)-R_2 \longrightarrow R_1-CH=CH-R_2 + H_2O$$

実験(1)より分子式は $C_4H_{10}O$ と決まったので，化合物 A～G はアルコールかエーテルのどちらかであることがわかり，化合物 E～G は実験(2)より金属 Na と反応しないので，エーテルと決まる。分子式が $C_4H_{10}O$ で表されるエーテルは次の①～③の 3 種類が考えられる。

① $CH_3-O-CH_2-CH_2-CH_3$　　② $CH_3-CH_2-O-CH_2-CH_3$

③ $CH_3-CH(CH_3)-O-CH_3$

また，実験(7)より，Eは炭素骨格に枝分かれがあることから上の③と決まり，実験(8)より，Gはある1種類のアルコールの分子間脱水で得られることから，その反応はアルコールをR－OHとすると，次のようになる。

$$2R-OH \longrightarrow R-O-R + H_2O$$

これより，O 原子につく R は左右とも等しいので，上の②と決まる。なお，用いたアルコールは R ＝ CH_3-CH_2 のエタノール CH_3-CH_2-OH である。よって，F の構造式は①と決まる。

問5， 6

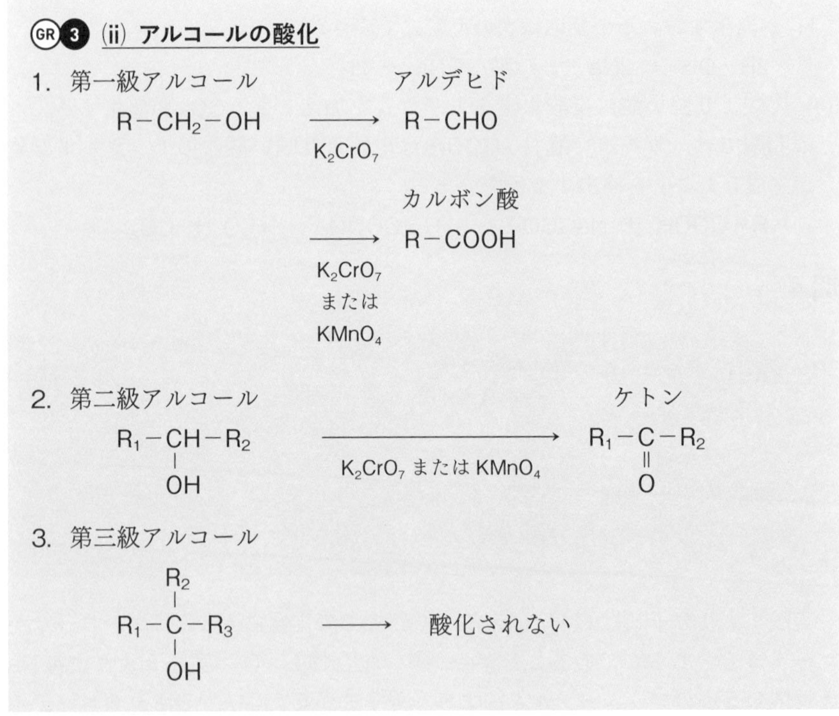

実験(2)より，A～D はアルコールと決まり，分子式が $C_4H_{10}O$ で表されるアルコールには次の①～④の 4 種類がある。

① $CH_3-CH_2-CH_2-CH_2$(OH)　　② $CH_3-CH_2-\overset{*}{C}H-CH_3$(OH)

③ $CH_3-CH(CH_3)-CH_2$(OH)　　④ $CH_3-C(CH_3)(OH)-CH_3$

実験(3)より，D は $K_2Cr_2O_7$ で酸化されないので第三級アルコールとなり，上の④と決まる。実験(4)より，A と B は $K_2Cr_2O_7$ で十分に酸化するとカルボン酸が生成するので，A と B はともに第一級アルコールとなり，上の①，③となる。よって，C は第二級アルコールで不斉炭素原子をもつ②と決まる。

さらに，実験(5)より，B と D を分子内脱水すると，同一の炭化水素が得られたことから，B と D の炭素骨格は同じであることがわかり，D は枝分かれした構造なので，B も炭素骨格に枝分かれあり，③と決まる。よって，A は①である。B，D の分子内脱水は次のようになる。

$CH_3-CH(CH_3)-CH_2$(OH) ⟶ $CH_3-C(CH_3)=CH_2$ ⟵ $CH_3-C(CH_3)(OH)-CH_3$

化合物B　　　　化合物D

実験(6)より，C を分子内脱水すると，次の(a)，(b)の２通りの脱水が考えられる。

$CH_3-CH-CH-CH_2$（下に H，OH，H）

(a)　　(b)

(a)で脱水したときに得られるアルケンは，$CH_3-CH=CH-CH_3$ であり，この構造は，次のシス-トランス異性体が考えられる。

H_3C ＼ ／ H
　C＝C
H ／ ＼ CH_3
トランス-2-ブテン

，

H_3C ＼ ／ CH_3
　C＝C
H ／ ＼ H
シス-2-ブテン

(b)で脱水したときに得られるアルケンは，$CH_3-CH_2-CH=CH_2$ であり，この構造にはシス-トランス異性体はない。

問7

GR 2 (ii) 沸点の高低の判断（アルコール，エーテル）

1. アルコール>エーテル
2. 直鎖>枝分かれ
3. アルコールどうしでは，第一級 > 第二級 > 第三級

A～G は分子式がいずれも $C_4H_{10}O$ であるが，A～D はアルコール，E～G はエーテルである。アルコールは，分子間で水素結合を形成するので，ファンデルワールス力のみ分子間にはたらくエーテルより，沸点は高い。

沸点は，A～D > E～G

また，炭素骨格は直鎖構造のほうが枝分かれ構造より，分子の表面積が大きくなり，ファンデルワールス力が強くなるので，沸点はより高くなる。

沸点は，直鎖構造>枝分かれ構造

さらに，ヒドロキシ基－OH の部分で水素結合を形成するので，ヒドロキシ基が結合した炭素原子に，小さい H 原子がつくほうが大きい炭化水素基がつくより水素結合を形成しやすい。

沸点は，第一級>第二級>第三級

以上より，沸点が最も高いのは，直鎖状の第一級アルコールとなるので，A の $CH_3-CH_2-CH_2-\underset{\displaystyle OH}{\underset{|}{CH_2}}$ と決まる。

問8

ヨードホルム反応を示すアルコールは $CH_3-\underset{\displaystyle OH}{\underset{|}{CH}}-R$ の部分構造をもつので，C が反応を示す。

$$CH_3-CH_2-\underset{\displaystyle OH}{\underset{|}{\overset{*}{C}H}}-CH_3$$

39 エステルの構造決定

答

問1　4 mol　　問2　マレイン酸　　問3

```
                O
                ‖
H＼          ／C－OH
    C＝C
H／          ＼C－OH
                ‖
                O
```

問4　ヨードホルム　　問5

```
       O       CH3
       ‖       |
H＼  ／C－O－CH－CH3
    C
    ‖
    C
H／  ＼C－O－CH－CH3
       ‖       |
       O       CH3
```

解説

問1

解答への道しるべ

GR 1 エステルの加水分解（けん化）

$$R_1COOR_2 \ + \ NaOH \longrightarrow R_1COONa \ + \ R_2OH$$

エステルを加水分解すると，カルボン酸の塩とアルコールが生じる。

分子式がともに $C_{10}H_{16}O_4$ で表される化合物 A と B を 1 mol ずつ含む試料 X を実験 1 のように NaOH を加えて加熱すると（けん化）した後，酸性にすると，化合物 C が 1 mol，D が 1 mol，E が 4 mol 得られることと，また実験 2〜4 より，C と D は互いに構造異性体であることから，A は 1 分子の C と 2 分子の E からなるジエステルで，B は 1 分子の D と 2 分子の E からなるジエステルと考えられる。したがって，A と B のけん化の反応はそれぞれ次のようになる。

$A + 2NaOH \longrightarrow$ C の Na 塩 $+ 2E$

$B + 2NaOH \longrightarrow$ D の Na 塩 $+ 2E$

よって，A，B を 1 mol ずつけん化するために必要な NaOH は 2 mol ずつとなり，合計 4 mol 必要である。

問2，3

GR 2 マレイン酸とフマル酸

分子式 $C_4H_4O_4$ で表されるジカルボン酸には，マレイン酸とフマル酸がある。

マレイン酸はシス形なので，$-COOH$ が近い位置にあり，加熱すると脱水が起こり，無水マレイン酸を生じる。しかし，フマル酸はトランス形なので，容易に脱水しない。

問 1 より，C はカルボキシ基を 2 つもつジカルボン酸であることがわかる。また，シス-トランス異性体をもつ C を分子内脱水すると分子式 $C_4H_2O_3$ の化合物が得られたので，C の分子式は $C_4H_2O_3 + H_2O = C_4H_4O_4$ となり，C=C をもち，カルボキシ基を 2 つもつ化合物は，次の①～③の 3 種類が考えられる。

① マレイン酸（H–C(COOH)=C(COOH)–H，シス形） $\xrightarrow{\text{分子内脱水}}$ 無水マレイン酸

マレイン酸　　無水マレイン酸

② フマル酸（H–C(COOH)=C(H)–COOH，トランス形）

フマル酸

160℃では脱水しない。

③ $CH_2=C(COOH)_2$

上の①と②は，シス-トランス異性体の関係にあり，①のマレイン酸はシス形なので，加熱すると分子内脱水して無水マレイン酸が生成する。しかし，②のフマル酸はトランス形なので，マレイン酸と同じ条件で加熱しても分子内脱水は起こらない。よって，C は①のマレイン酸と決まる。また，③は，①と②とは構造異性体の関係である。よって，D は③と決まる。

問5

GR 3 エステル化

$$R_1-\underset{\underset{O}{\|}}{C}-OH + R_2-OH \longrightarrow R_1-\underset{\underset{O}{\|}}{C}-O-R_2 + H_2O$$

カルボン酸の OH とアルコールの H を取って，H_2O が生じる

E の分子式は，A の加水分解から考えると，

$$_{A}C_{10}H_{16}O_4 + 2H_2O \longrightarrow {}_{C}C_4H_4O_4 + 2E$$

よって，E の分子式は C_3H_8O となり，E はヨードホルム反応を示すので，2-プロパノールとなり，構造式は，$CH_3-\underset{\underset{OH}{|}}{CH}-CH_3$ と決まる。

求める A の構造式は，

$$\begin{array}{c} H \diagdown \quad \overset{\overset{O}{\|}}{C}-OH \quad HO-\overset{\overset{CH_3}{|}}{CH}-CH_3 \\ C \\ \| \qquad + \\ C \\ H \diagup \quad \underset{\underset{O}{\|}}{C}-OH \quad HO-\underset{\underset{CH_3}{|}}{CH}-CH_3 \end{array} \longrightarrow \begin{array}{c} H \diagdown \quad \overset{\overset{O}{\|}}{C}-O-\overset{\overset{CH_3}{|}}{CH}-CH_3 \\ C \\ \| \\ C \\ H \diagup \quad \underset{\underset{O}{\|}}{C}-O-\underset{\underset{CH_3}{|}}{CH}-CH_3 \end{array} + 2H_2O$$

39

エステルの構造決定

40　油脂，セッケン

答

I	問1　878	問2　6個　　問3　$C_{18}H_{32}O_2$
II	問4	①　チンダル現象　　②　塩析
	問5	ア：表面張力　　イ：界面活性剤
	問6	・セッケン水は塩基性であるが，合成洗剤の水溶液は中性を示す。
		・セッケンは硬水中で不溶性の塩をつくるが，合成洗剤は難溶性の塩をつくることはない。

解説

I　問1

解答への道しるべ

GR 1　油脂のけん化

油脂はエステル結合を3個もつので，けん化に必要なNaOHの物質量は，油脂の3倍になる。

$$C_3H_5(OCOR)_3 + 3NaOH \longrightarrow C_3H_5(OH)_3 + 3RCOONa$$

油脂はエステル結合を3個もつので，けん化に必要なNaOHの物質量は，油脂の3倍になる。

$$C_3H_5(OCOR)_3 + 3NaOH \longrightarrow C_3H_5(OH)_3 + 3RCOONa$$

いま，油脂A 4.39 gをけん化するためにNaOHが600 mg必要であったことから，油脂Aの分子量をMとすると，

$$\frac{4.39}{M} \times 3 = \frac{600 \times 10^{-3}}{40} \qquad \therefore \quad M = 878$$

問2

GR 2 (i) **油脂の不飽和結合への付加反応**

−CH=CH−をもつ油脂にヨウ素I_2を反応させると，C=Cの部分にI_2が付加して −CH(I)−CH(I)− となる。よって，油脂1分子のC=Cの数をx〔個〕とすると，油脂1分子に付加するI_2はx〔個〕となる。

油脂に含まれるC=Cの数をx〔個〕とすると，次のように考えられる。

油脂 ＋ xI_2 ⟶ 生成物
(C=C × x)

−CH=CH−をもつ油脂にヨウ素I_2を反応させると，C=Cの部分にI_2が付加して −CH(I)−CH(I)− となる。よって，油脂1分子のC=Cの数をx〔個〕とすると，油脂1分子に付加するI_2はx〔個〕となる。

油脂A(分子量878)に含まれるC=Cの数をx〔個〕とすると，次のように考えられる。

油脂A ＋ xI_2 ⟶ 生成物
(C=C × x)

よって，油脂の物質量×(油脂1分子中のC=Cの数)＝I_2の物質量より，

$$\frac{2.0}{878} \times x = \frac{3.47}{127 \times 2} \qquad x = 5.99 \fallingdotseq 6〔個〕$$

問3

GR 2 (ii) **脂肪酸**

飽和脂肪酸の示性式は$C_nH_{2n+1}COOH$で表される。

不飽和脂肪酸では，C=C 1個につきH原子が2個減少するので，C=Cの数をx〔個〕とすると，脂肪酸の示性式は，$C_nH_{(2n+1-2x)}COOH$

油脂Aを$C_3H_5(OCOR)_3$とし，Rの部分の式量をaとすると，Aの分子量はaを用いて，

$$M = 41 + (a + 44) \times 3 = 878 \qquad a = 235$$

40 油脂、セッケン

また，油脂Aは1分子中にC=Cを6個もつので，脂肪酸RCOOH 1分子中のC=Cの数は2個となる。ここで，すべて単結合のときの炭化水素基は炭素数を n とすると，C_nH_{2n+1}−と表されるので，C=Cが2個ある(すなわちH原子が4個少ない)ときは，R−は C_nH_{2n-3}−となり，式量は，

$$12n + (2n - 3) = 235 \qquad n = 17$$

よって，脂肪酸の示性式は $C_{17}H_{31}COOH$ となり，分子式は $C_{18}H_{32}O_2$

Ⅱ　問4

セッケン(高級脂肪酸のナトリウム塩)は炭化水素基(疎水基)と脂肪酸イオン(親水基)をあわせもつ構造をしている。下図のように，セッケン水中の高級脂肪酸イオンは，疎水基を内側に，親水基を外側に向けた**ミセル**(会合コロイド)を形成している。

セッケンの会合コロイド
(ミセル)

セッケン水はコロイド溶液なので，横からレーザー光を当てると，光の進路が明るく輝いて見える。これを**チンダル現象**といい，コロイド粒子が光を散乱させることによって起こる現象である。また，セッケンは**親水コロイド**に分類されるので，多量の電解質を加えると沈殿する。この現象を**塩析**という。

問5

きれいに磨いたガラス板などに水滴を落とすとその水滴が球のようになる。このとき，ア**表面張力**という，液体の表面積をできるだけ小さくしようとする力がはたらいている。

また，セッケンなどのように表面張力を低下させる物質をイ**界面活性剤**という。

問6

GR❸ (ii) **セッケンと合成洗剤**

セッケンはRCOONaは脂肪酸のナトリウム塩であり，アルキルベンゼンスルホン酸ナトリウム $C_{12}H_{25}$-⟨ベンゼン環⟩-SO_3Na は，スルホン酸のナトリウム塩である。これらには，次のような違いがある。

	セッケン	アルキルベンゼンスルホン酸ナトリウム(合成洗剤)
水 溶 液	塩基性	中性
酸性溶液	使用できない	使用できる
硬 水 中	使用できない	使用できる

セッケンは，水溶液中で脂肪酸イオンが次のように加水分解するので，水溶液は塩基性を示す。

$$RCOO^- + H_2O \rightleftarrows RCOOH + OH^-$$

酸性溶液中では，水に溶けにくい脂肪酸が遊離する

$$RCOO^- + H^+ \rightleftarrows RCOOH \text{（水に溶けにくい）}$$

硬水(Ca^{2+}やMg^{2+}を多く含む水)中では，水に溶けにくい塩を形成する。

$$2RCOO^- + Ca^{2+} \longrightarrow (RCOO)_2Ca$$

41　芳香族炭化水素，カルボン酸

答

問1　A　(o-キシレン構造: ベンゼン環に CH_3, CH_3)　B　(p-キシレン構造: CH_3, CH_3)　C　(m-キシレン構造: CH_3, CH_3)

D　(ベンゼン環に CH_2-CH_3)

問2　i　エチレングリコール　　ii　ポリエチレンテレフタラート

問3　E　(フタル酸: ベンゼン環に $C(=O)-OH$ ×2, オルト位)　F　(無水フタル酸: C(=O)-O-C(=O))　G　(テレフタル酸: $O=C-OH$ ×2, パラ位)

解説

問1，3

解答への道しるべ

GR 1　芳香族化合物の異性体の考え方

芳香族化合物の異性体を考えるときは，一置換体，二置換体…の順に考える。

1. 一置換体（ベンゼン環-R）のとき……（ベンゼン環-）は C_6H_5 なので，R－の部分に入る構造を考えていく。
2. 二置換体（ベンゼン環に R_1, R_2）のとき……（ベンゼン環に結合手2本）は C_6H_4 なので，R_1-R_2の部分に入る構造，またR_1とR_2の位置(o-，m-，p-)を考えていく。

解答への道しるべ

GR 2 芳香族化合物の側鎖の酸化

$KMnO_4$ で酸化すると，ベンゼン環に直接結合したC原子が酸化されて，カルボキシ基に変化する。

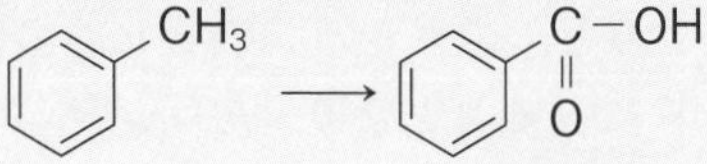

トルエン → 安息香酸

分子式が C_8H_{10} である芳香族化合物には一置換体はエチルベンゼン，二置換体には，*o*-キシレン，*m*-キシレン，*p*-キシレンであり，また，$KMnO_4$ で酸化するとき，それぞれ次の構造式で表される。

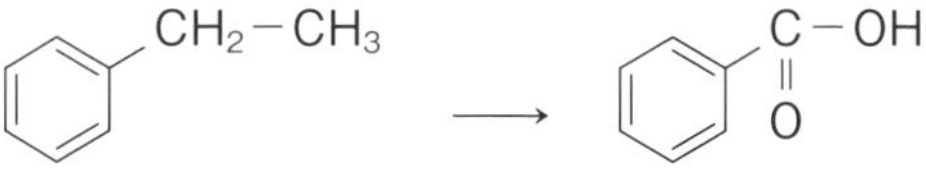

エチルベンゼン → 安息香酸

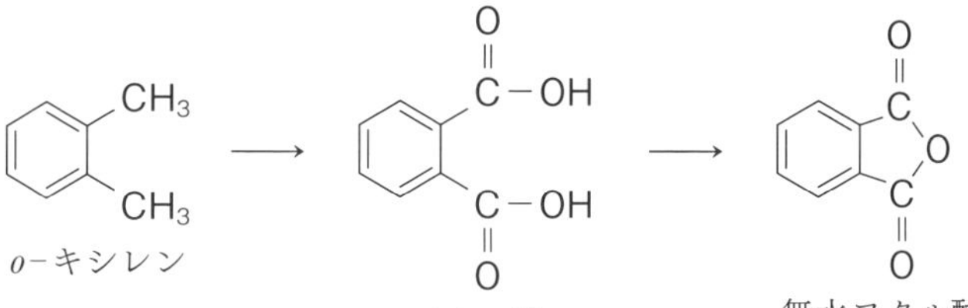

o-キシレン → フタル酸 → 無水フタル酸

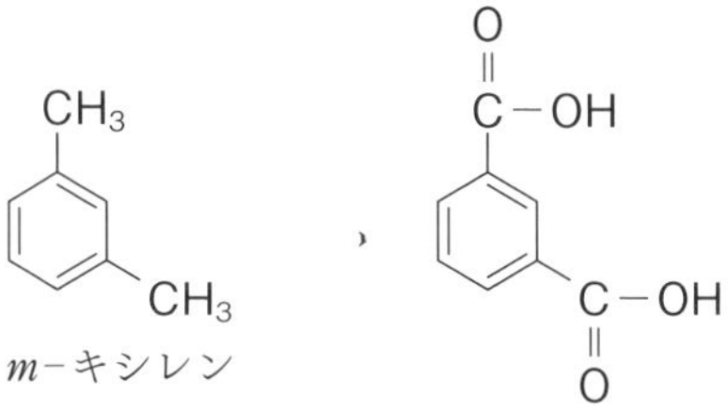

m-キシレン，イソフタル酸

$$\text{p-キシレン (}C_6H_4(CH_3)_2\text{)} \longrightarrow \text{テレフタル酸 (}C_6H_4(COOH)_2\text{)}$$

p-キシレン　　テレフタル酸

Aを過マンガン酸カリウムで酸化すると，ジカルボン酸Eになり，Eは加熱すると分子内で水1分子がとれてFになることより，Aは*o*-キシレン，Eはフタル酸，Fは無水フタル酸と決まる。

また，Bを同様に酸化すると，ジカルボン酸Gを生じ，Gはペットボトルの原料となるのでテレフタル酸，Bは*p*-キシレンと決まる。

Dを酸化すると，安息香酸になることから，Dはエチルベンゼンと決まり，Cは*m*-キシレンと決まる。

問2

ア**エチレングリコール**とテレフタル酸を縮合重合させると，ペットボトルなどに用いられるイ**ポリエチレンテレフタラート**が得られる。

$$n\mathrm{HO-CH_2-CH_2-OH} + n\mathrm{HO-\overset{O}{\overset{\|}{C}}-C_6H_4-\overset{O}{\overset{\|}{C}}-OH}$$

エチレングリコール　　テレフタル酸

$$\longrightarrow \left[\mathrm{O-CH_2-CH_2-O-\overset{O}{\overset{\|}{C}}-C_6H_4-\overset{O}{\overset{\|}{C}}}\right]_n + 2n\mathrm{H_2O}$$

ポリエチレンテレフタラート

CHAPTER 3 有機化学

42 フェノール類

答

問1　ア　酸　　イ　クメン

問2　B　2,4,6-トリブロモフェノール　　D　サリチル酸

E　アセチルサリチル酸　　F　サリチル酸メチル

問3

① $C_6H_5OH + 3Br_2 \longrightarrow C_6H_2Br_3OH + 3HBr$

② $C_6H_4(OH)COOH + (CH_3CO)_2O \longrightarrow C_6H_4(OCOCH_3)COOH + CH_3COOH$

③ $C_6H_4(OH)COOH + CH_3OH \longrightarrow C_6H_4(OH)COOCH_3 + H_2O$

問4　(1)　サリチル酸，サリチル酸メチル

(2)　サリチル酸，アセチルサリチル酸

問5　ヨードホルム反応　　問6　11%　　問7　5.6 L

解説

問1

解答への道しるべ

GR 1 フェノールの製法

1. クメン法

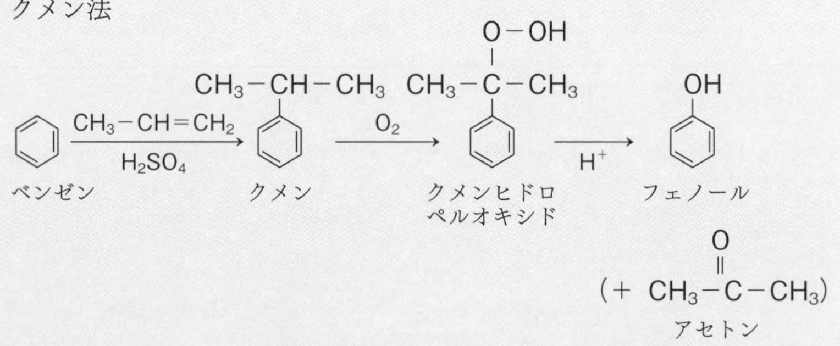

2. アルカリ融解

ベンゼンスルホン酸（$C_6H_5SO_3H$） $\xrightarrow[\text{中和}]{NaOH}$ ベンゼンスルホン酸ナトリウム（$C_6H_5SO_3Na$） $\xrightarrow[\text{アルカリ融解}]{NaOH(固)}$ ナトリウムフェノキシド（C_6H_5ONa） $\xrightarrow{HCl}$ フェノール（C_6H_5OH）

3. クロロベンゼンからの製法

クロロベンゼン（C_6H_5Cl） $\xrightarrow[\text{高温・高圧}]{NaOH水溶液}$ ナトリウムフェノキシド（C_6H_5ONa） $\xrightarrow{HCl}$ フェノール（C_6H_5OH）

ア　フェノールは水溶液中で次のように電離するので，弱**酸**性を示す。

$$C_6H_5OH \rightleftarrows C_6H_5O^- + H^+$$

イ　フェノールは，工業的に**クメン**法によって，製造される。

$$C_6H_6 \xrightarrow[H_2SO_4]{CH_3-CH=CH_2} C_6H_5-CH(CH_3)-CH_3 \xrightarrow{O_2} C_6H_5-C(CH_3)_2-O-OH \xrightarrow{H^+} C_6H_5-OH + CH_3-CO-CH_3$$

ベンゼン　クメン　クメンヒドロペルオキシド　フェノール　アセトン

このとき，フェノールとともに，$_A$**アセトン**が得られる。

問2，3

ナトリウムフェノキシドに高温高圧の条件で CO_2 を反応させると，$_C$サリチル酸ナトリウムが生成し，さらに希硫酸を加えると，$_D$**サリチル**酸が遊離する。

$$C_6H_5-ONa \xrightarrow[\text{高温・高圧}]{CO_2} C_6H_4(OH)COONa \xrightarrow{HCl} C_6H_4(OH)COOH$$

サリチル酸　C　サリチル酸ナトリウム　D　サリチル酸

①　フェノールに臭素を加えると，$_B$**2,4,6-トリブロモフェノール**の白色沈殿が生じる。

$$C_6H_5OH + 3Br_2 \longrightarrow C_6H_2Br_3OH + 3HBr$$

②　サリチル酸に無水酢酸を反応させると $_E$**アセチルサリチル**酸が得られる（アセチル化）。

$$\underset{D}{C_6H_4(OH)-C(=O)-OH} + (CH_3-C(=O))_2O \longrightarrow \underset{E}{C_6H_4(O-C(=O)-CH_3)-C(=O)-OH} + CH_3COOH$$

42

フェノール類

③　サリチル酸にメタノールを反応させると，F **サリチル酸メチル**が得られる(エステル化)。

D: $C_6H_4(OH)COOH$ ＋ CH_3OH ⟶ F: $C_6H_4(OH)COOCH_3$ ＋ H_2O

問4

GR 2 官能基の検出

1. フェノール性ヒドロキシ基の検出
   塩化鉄(Ⅲ) $FeCl_3$ 水溶液を加えると，青紫～赤紫色に呈する。
2. カルボキシ基の検出
   $NaHCO_3$ 水溶液を加えると，CO_2 が発生する。
   $RCOOH + NaHCO_3 \longrightarrow RCOONa + H_2O + CO_2$

(1)　塩化鉄(Ⅲ) $FeCl_3$ で呈色する化合物は，フェノール性ヒドロキシ基をもつ化合物である。よって，D サリチル酸と F サリチル酸メチルが呈色する。

(2)　炭酸水素ナトリウム $NaHCO_3$ を加えて気体が発生する化合物は炭酸より強い酸であり，D，E ではカルボキシ基をもつ化合物である。

$$RCOOH + NaHCO_3 \longrightarrow RCOONa + H_2O + CO_2$$

よって，D サリチル酸と E アセチルサリチル酸である。

問5

アセトンにヨウ素と水酸化ナトリウム水溶液を加えて温めると，黄色沈殿が生じる。この反応はヨードホルム反応という。

$$CH_3COCH_3 + 4NaOH + 3I_2 \longrightarrow CHI_3 + CH_3COONa + 3H_2O + 3NaI$$

問6

GR 3 収率計算

理論的に得られる質量(または物質量)に対する，実験で得られた質量(または物質量)の割合を，収率という。収率の計算は，次のようになる。

$$\text{収率〔\%〕} = \frac{\text{実験で得られた質量(または物質量)}}{\text{理論的に得られる質量(または物質量)}} \times 100$$

ベンゼン(分子量 78) 200 g の物質量は，$\frac{200}{78}$ mol であり，フェノール(分子量 94) 27 g の物質量は，$\frac{27}{94}$ mol なので，収率は，

$$\frac{\text{フェノールの物質量}}{\text{ベンゼンの物質量}} \times 100 = \frac{27}{94} \times \frac{78}{200} \times 100 = 11.2 \fallingdotseq 11\%$$

問7

フェノールと金属 Na と反応は，次式で表される。

$$2\,C_6H_5OH + 2Na \longrightarrow 2\,C_6H_5ONa + H_2$$

フェノール 47 g から発生する H_2 の標準状態での体積は，

$$\frac{47}{94} \times \frac{1}{2} \times 22.4 = 5.6\ \text{L}$$

43 芳香族窒素化合物

答

問1　ア　アニリンブラック　　イ　フェノール　　問2　6.2 g

問3　A（アセトアニリド：$C_6H_5-NH-CO-CH_3$）　B（p-ヒドロキシアゾベンゼン：$C_6H_5-N=N-C_6H_4-OH$）

問4　アニリンは塩酸塩になっているため，強塩基の水酸化ナトリウム水溶液を加えることで弱塩基のアニリンを遊離させるため。

問5　$C_6H_5NH_2 + NaNO_2 + 2HCl \longrightarrow C_6H_5N_2Cl + NaCl + 2H_2O$

CHAPTER 3　有機化学

解説

問1

解答への道しるべ

GR 1 アニリンの性質

1. 無色の液体で，水にわずかに溶け，水溶液は弱酸性を示す。
2. 酸化されやすく，さらし粉水溶液を加えると赤紫色に，$K_2Cr_2O_7$ を加えると，黒色沈殿(アニリンブラック)を生じる。

(ア)　アニリンは酸化されやすく，$K_2Cr_2O_7$ を加えると，アニリンブラックとよばれる黒色顔料が生じる。

(イ)　塩化ベンゼンジアゾニウムは，温度に対して不安定なので，塩化ベンゼンジアゾニウムの水溶液を温めると，次のように加水分解して窒素が発生するとともにフェノールが生成する。

$$C_6H_5N_2Cl + H_2O \longrightarrow C_6H_5OH + HCl + N_2$$

問2

GR 2 ニトロベンゼンからアニリンを合成

1. 水素接触還元法(触媒 Ni)

$$C_6H_5NO_2 + 3H_2 \longrightarrow C_6H_5NH_2 + 2H_2O$$

2. Sn による還元

$$C_6H_6 \xrightarrow[H_2SO_4]{HNO_3} C_6H_5NO_2 \xrightarrow[HCl]{Sn(\text{または}Fe)} C_6H_5NH_3Cl \xrightarrow{NaOH} C_6H_5NH_2$$

ベンゼン　ニトロベンゼン　アニリン塩酸塩　アニリン

ニトロベンゼンを Ni 触媒を用いて水素で還元するとアニリンが得られる。

$$C_6H_5NO_2 + 3H_2 \longrightarrow C_6H_5NH_2 + 2H_2O$$

ニトロベンゼン(分子量 123)8.2 g から得られるアニリン(分子量 93)の質量は,

$$\frac{8.2}{123} \times 93 = 6.2\,\text{g}$$

問3

A　アニリンを無水酢酸と反応させると A アセトアニリドが生成する。

$$C_6H_5NH_2 + (CH_3CO)_2O \longrightarrow C_6H_5NH-C(=O)-CH_3 + CH_3COOH$$

B　氷冷下で，塩化ベンゼンジアゾニウムとナトリウムフェノキシドを反応させると，カップリング反応が起こり，橙赤色の B p-ヒドロキシアゾベンゼン(p-フェニルアゾフェノール)が生成する。

$$C_6H_5N_2Cl + C_6H_5ONa \longrightarrow C_6H_5-N=N-C_6H_4-OH + NaCl$$

問4

ニトロベンゼンにスズと濃塩酸を加えて加熱すると，アニリン塩酸塩が生成する。

$$2\,C_6H_5NO_2 + 3Sn + 14HCl \longrightarrow 2\,C_6H_5NH_3Cl + 3SnCl_4 + 4H_2O$$

生成したアニリン塩酸塩は水溶液中に存在し，強塩基の NaOH の水溶液を加えると，弱塩基のアニリンが遊離する。

$$C_6H_5NH_3Cl + NaOH \longrightarrow C_6H_5NH_2 + NaCl + H_2O$$

問5

GR 3 ジアゾ化

アニリンの塩酸溶液に $NaNO_2$ を加え，氷冷して 0〜5℃に保つと，塩化ベンゼンジアゾニウムが生成する。

$$C_6H_5NH_2 + NaNO_2 + 2HCl \longrightarrow C_6H_5N_2Cl + NaCl + 2H_2O$$

得られた塩化ベンゼンジアゾニウムは，温度に対して不安定なので，温めると，加水分解してフェノールに変化する。

$$C_6H_5N_2Cl + H_2O \longrightarrow C_6H_5OH + HCl + N_2$$

アニリンの希塩酸溶液を 0〜5℃に冷やしながら亜硝酸ナトリウムと反応させると，塩化ベンゼンジアゾニウムの水溶液が生成する。

$$C_6H_5NH_2 + NaNO_2 + 2HCl \longrightarrow C_6H_5N_2Cl + NaCl + 2H_2O$$

CHAPTER 3 有機化学

44 有機化合物の分離

答

問1　安息香酸　　問2　$C_6H_5NH_2 + HCl \longrightarrow C_6H_5NH_3Cl$

問3　(ア)　c　　(イ)　d　　問4　$C_6H_2(CH_3)(NO_2)_3$（2,4,6-トリニトロトルエン）

問5　エーテル層 F

解説

問1

解答への道しるべ

GR 1 酸の強さ

塩酸，硫酸 > スルホン酸 > カルボン酸 > 炭酸 > フェノール

GR 2 抽出の考え方

抽出(溶媒抽出)は，有機溶媒(エーテルなど)に溶けるか，水に溶けるかで分離していく操作。

1. 有機溶媒に溶ける。塩(イオン)になっていない。
2. 水に溶ける。塩(イオン)になっている。

　イオンになると，電荷をもつので，水に溶けるようになる。

問1

アニリン，安息香酸，フェノール，トルエンのうち，トルエンは中性物質，アニリンは塩基性物質である。安息香酸とフェノールはともに酸性物質であるが，安息香酸は炭酸より強い酸，フェノールは炭酸より弱い酸なので，酸の強弱は次のようになる。

安息香酸 ＞ 炭酸 ＞ フェノール

よって，最も強い酸は，安息香酸である。

問2

操作①では塩酸を加えている。有機化合物の分離操作(抽出)では，中和反応によって塩を形成すると，水層に移る。よって，塩酸と反応するアニリンが水層Aに移る。

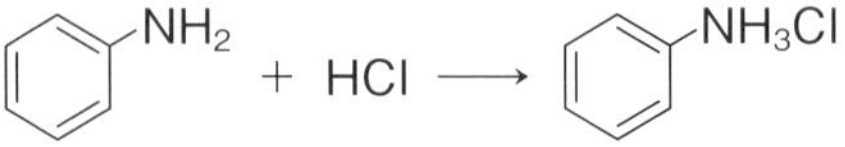

$$NH_2 \;+\; HCl \longrightarrow NH_3Cl$$

問3

エーテル層Dに存在する安息香酸，フェノール，トルエンのうち，トルエンは酸，塩基ともに反応せず塩を形成しないので，エーテルEを経てエーテルFへ移動する。よって，エーテルDでは，安息香酸とフェノールのいずれかが水層Bへ移る。よって，②では，(ア) $NaHCO_3$ 水溶液を加えると，炭酸より強い酸である安息香酸が反応して塩となり，水層Bへ移る。

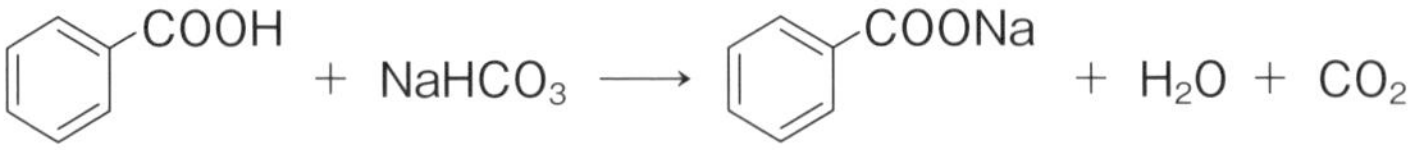

$$COOH \;+\; NaHCO_3 \longrightarrow COONa \;+\; H_2O \;+\; CO_2$$

さらに，エーテル層Eに含まれるフェノールは③で，(イ) NaOH 水溶液を加えると塩となり，水層Cへ移る。

$$OH \;+\; NaOH \longrightarrow ONa \;+\; H_2O$$

問4

GR 3 トルエンのニトロ化

トルエンに混酸を加えると，トルエンの *o*−，*p*−位で置換反応が起こり，2,4,6−トリニトロトルエン(黄色火薬)が生じる

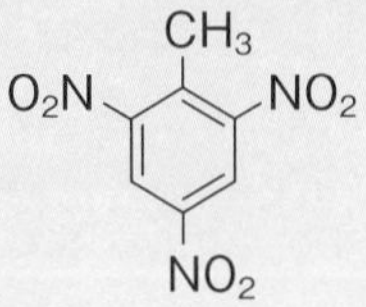

CH_3

O_2N　NO_2

NO_2

トルエンに混酸(濃硝酸と濃硫酸の混合物)を加えると，次の反応が起こり，2,4,6−トリニトロトルエンが生成する。

$$C_6H_5CH_3 + 3HNO_3 \longrightarrow C_6H_2(CH_3)(NO_2)_3 + 3H_2O$$

問 5

アセトアニリドは中性物質なので，トルエンと同じように分離される。よって，エーテル層 F に分離される。

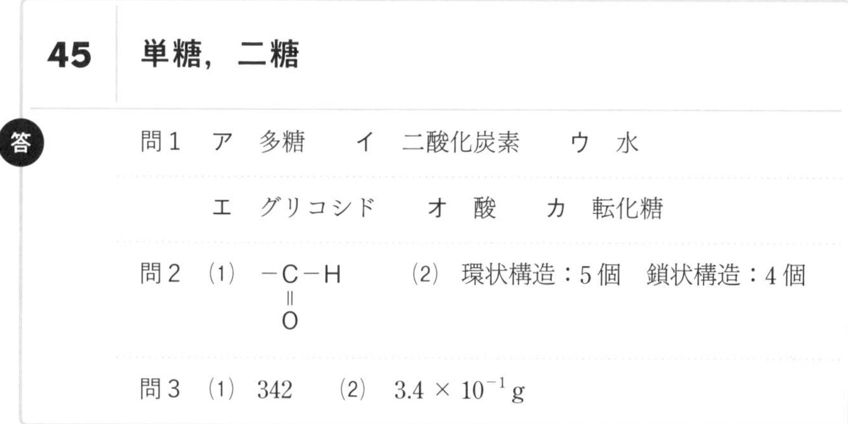

45　単糖，二糖

答

問 1　ア　多糖　　イ　二酸化炭素　　ウ　水

エ　グリコシド　　オ　酸　　カ　転化糖

問 2　(1)　$-\underset{\underset{O}{\|}}{C}-H$　　(2)　環状構造：5 個　鎖状構造：4 個

問 3　(1)　342　　(2)　3.4×10^{-1} g

解説

問 1

解答への道しるべ

GR 1 スクロース

スクロースは還元性をもたない二糖であり，加水分解すると，グルコースとフルクトースの等モル混合物が得られる。これを転化糖といい，還元性を示す。

多数の単糖が結合した構造をもつものを$_ア$**多糖**といい，デンプンやセルロースがある。

グルコースは植物中で光合成によって，$_イ$**二酸化炭素**と$_ウ$**水**を原料として作られる。

$$6CO_2 + 6H_2O \longrightarrow C_6H_{12}O_6 + 6O_2$$

また，グルコースはチマーゼを使った**アルコール発酵**によって，エタノールと二酸化炭素に分解される。

$$C_6H_{12}O_6 \longrightarrow 2CH_3CH_2OH + 2CO_2$$

エ　2つの単糖 $C_6H_{12}O_6$ が，$_エ$**グリコシド**結合によって結合した分子を二糖といい，分子式は $C_{12}H_{22}O_{11}(= 2C_6H_{12}O_6 - H_2O)$ で表される。

スクロースはグルコースの1位のヒドロキシ基とフルクトースの2位のヒドロキシ基で縮合した分子である。

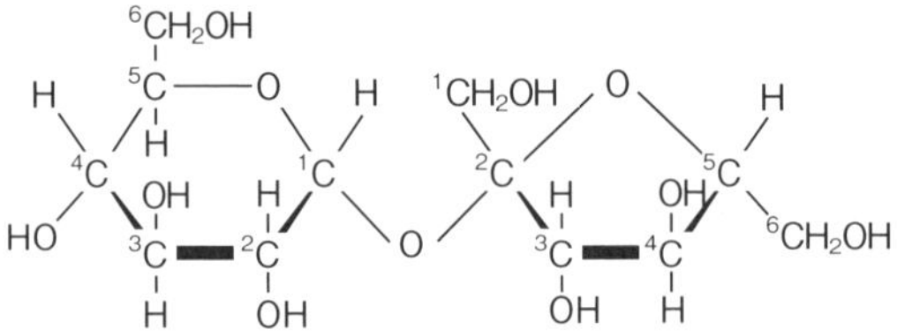

オ　グリコシド結合は，酵素や，$_オ$**酸**によって加水分解をうける。

カ　スクロースは，グルコースとフルクトースの還元性を示す部分のヒドロキシ基どうしを縮合に使っているので還元性を示さないが，加水分解すると，グルコースとフルクトースの等モル混合物となり，還元性を示すようになる。この混合物を$_カ$**転化糖**という。

問2

GR 2 グルコース

1. 分子式は $C_6H_{12}O_6$，分子量は180
2. 鎖状構造になると，ホルミル基をもつので，還元性を示す。
3. 不斉炭素原子は，鎖状構造で4個，環状構造で5個であり，立体異性体は，鎖状構造で $2^4 = 16$ 個，環状構造で $2^5 = 32$ 個

(1)　鎖状構造のグルコースは，次の構造式で表される。

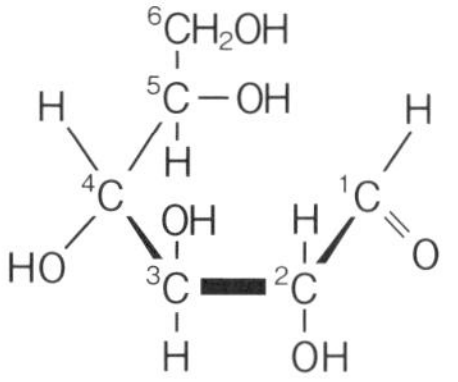

ホルミル基（アルデヒド基）

上の構造式の $-\underset{\underset{\displaystyle O}{\|}}{C}-H$ の部分をホルミル基といい，還元性を示す。

(2) 環状構造のグルコースは，1，2，3，4，5 位の炭素原子が不斉炭素原子となり，鎖状構造のグルコースは 2，3，4，5 位の炭素原子が不斉炭素原子となる（構造式中の○で囲んだ炭素原子が不斉炭素原子）。

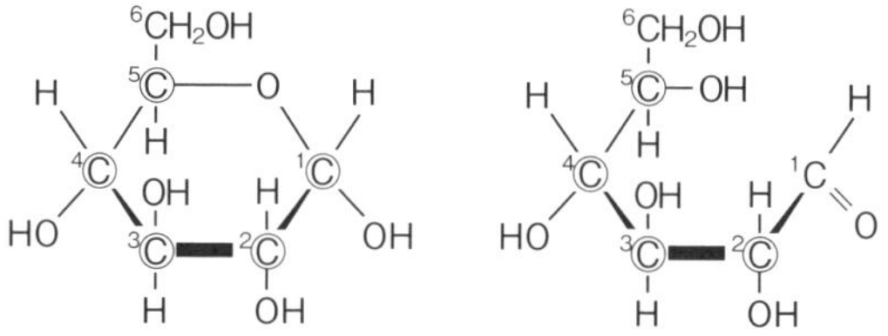

問 3

GR 3 酵素

酵素はタンパク質であり，生体反応の触媒としてはたらく。主な糖の加水分解酵素を次に示す。

酵素名	基　質		生成物
アミラーゼ	デンプン	⟶	マルトース
セルラーゼ	セルロース	⟶	セロビオース
マルターゼ	マルトース	⟶	グルコース
セロビアーゼ	セロビオース	⟶	グルコース
インベルターゼ	スクロース	⟶	グルコース フルクトース
ラクターゼ	ラクトース	⟶	グルコース ガラクトース

(1) スクロースは二糖であり，分子式は $C_{12}H_{22}O_{11}$ である。分子量は342($= 2 \times 180 - 18$)となる。

(2) スクロース，マルトースの分子量はともに342であり，混合物Aの質量から，次の式①が得られる。

$342(x + y) = 1.71\ \mathrm{g} \qquad x + y = 5.0 \times 10^{-3}\ \mathrm{mol}$ ……①

また，インベルターゼはスクロースをグルコースとフルクトースに加水分解する酵素であり，マルトースは加水分解されない。よって，加水分解後に含まれている糖は，グルコース，フルクトース，マルトースとなり，次の式②が得られる。

グルコース ＋ フルクトース ＋ マルトース

$x \quad + \quad x \quad + \quad y \quad = 6.0 \times 10^{-3}\ \mathrm{mol}$

$2x + y = 6.0 \times 10^{-3}\ \mathrm{mol}$ ……②

式①と式②より，$x = 1.0 \times 10^{-3}\ \mathrm{mol}$，$y = 4.0 \times 10^{-3}\ \mathrm{mol}$ となる。

よって，混合物A中のスクロースの質量は，

$342 \times 1.0 \times 10^{-3} = 3.42 \times 10^{-1} \fallingdotseq 3.4 \times 10^{-1}\ \mathrm{g}$

46　多糖

答

問 1　ア：アミロース　　イ：アミロペクチン

ウ：ヒドロキシ　　エ：トリニトロセルロース

問 2　1.0×10 g

問 3　アミロースは(直)鎖状構造であるのに対し，アミロペクチンは枝分かれ構造である。

問 4　**理由**…デンプンが加水分解され，マルトースとなり，らせん構造ではなくなるから。

構造式…

問 5　(a)　$(C_6H_{10}O_5)_n + \frac{n}{2} H_2O \longrightarrow \frac{n}{2} C_{12}H_{22}O_{11}$

(b)　ホルミル(アルデヒド)基　　(c)　286 g

解説

問1，3

解答への道しるべ

GR 1 デンプンとセルロース

・デンプン…α-グルコースが縮合重合

アミロース(直鎖構造) 1,4-グリコシド結合
アミロペクチン(枝分かれ構造) 1,4-グリコシド結合＋1,6-グリコシド結合（枝分かれ）

・セルロース…β-グルコースが縮合重合

直鎖状　1,4-グリコシド結合

GR 2 ヨウ素デンプン反応

デンプンのらせん構造にヨウ素が取り込まれることによって，呈色する。
らせん構造が長い…I_2の取り込みが多い…濃青色…アミロース
らせん構造が短い…I_2の取り込みが少ない…赤紫色…アミロペクチン

GR 3 半合成繊維

セルロースの示性式を$[C_6H_7O_2(OH)_3]_n$とする。

1. **トリニトロセルロース**…セルロースを混酸と反応させる。

$$[C_6H_7O_2(OH)_3]_n + 3nHNO_3 \longrightarrow [C_6H_7O_2(ONO_2)_3]_n + 3nH_2O$$

2. **アセテート**…セルロースを無水酢酸でアセチル化してトリアセチルセルロースをつくり，加水分解してジアセチルセルロースにする。

$$[C_6H_7O_2(OH)_3]_n + 3n(CH_3CO)_2O \longrightarrow [C_6H_7O_2(OCOCH_3)_3]_n + 3nCH_3COOH$$

デンプンは，多数のα-グルコースが，1,4-グリコシド結合で縮合した直鎖状の構造をもつ**アミロース**と，1,4-グリコシド結合のほかに，部分的に1,6-グリコシド結合で枝分かれ構造をもつアミロペクチンがある。

ヨウ素デンプン反応は，デンプンのらせん構造にヨウ素I_2が取り込まれることによって，呈色する。

直鎖状の$_ア$**アミロース**では，濃青色を，枝分かれをもつ$_イ$**アミロペクチン**は

赤紫色を呈す。

セルロースは，多数のβ-グルコースが1,4-グリコシド結合した直鎖状の多糖であり，直鎖状の分子どうしは多数のヒドロキシ基の部分で水素結合しているので，水に溶けにくく，木綿や麻など植物繊維の成分である。セルロースの(示性式は$[C_6H_7O_2(OH)_3]_n$)に，濃硝酸と濃硫酸を加えて反応させると，ウ**ヒドロキシ**基-OHが硝酸によりエステル化(硝酸エステル化)されて，エ**トリニトロセルロース**$[C_6H_7O_2(ONO_2)_3]_n$が得られる。

$$[C_6H_7O_2(OH)_3]_n + 3nHNO_3 \longrightarrow [C_6H_7O_2(ONO_2)_3]_n + 3nH_2O$$

問2

デンプン$(C_6H_{10}O_5)_n$(分子量$162n$)を完全に加水分解するとグルコース$C_6H_{12}O_6$(分子量180)が得られる。この加水分解反応は次式で表される

$$(C_6H_{10}O_5)_n + nH_2O \longrightarrow nC_6H_{12}O_6$$

よって，9.0 gのデンプンを加水分解して得られるグルコースの質量は，

$$\frac{9.0}{162n} \times n \times 180 = 1.0 \times 10\,\mathrm{g}$$

46

多糖

問4

アミラーゼは，デンプンを二糖類のマルトースまで加水分解する酵素である。デンプンにヨウ素を加えて青紫色を呈した水溶液にアミラーゼを加えると，デンプンが加水分解されて，らせん構造が切れることによって，ヨウ素が取り込まれなくなるために，青紫色は消失する。

問5

(a)　セルロースの分子式はデンプンと同じ$(C_6H_{10}O_5)_n$で表され，セロビオースは二糖類であり，その分子式は$C_{12}H_{22}O_{11}$($= 2C_6H_{12}O_6 - H_2O$)で表される。重合度nのセルロース1 molから得られるセロビオースは，$\frac{n}{2}$[mol]であり，加水分解反応は次式で与えられる。

$$(C_6H_{10}O_5)_n + \frac{n}{2}H_2O \longrightarrow \frac{n}{2}C_{12}H_{22}O_{11}$$

(b)　フェーリング液の還元反応は，ホルミル基(アルデヒド基)の還元性を利用した反応であり，フェーリング液中のCu^{2+}が還元されて，酸化銅(I)Cu_2O

の赤色沈殿を生じる。還元性を示す糖のホルミル基以外の部分をRとすると，糖はR－CHOと表される。

(c)　セロビオースの物質量と酸化銅(I)Cu_2O(式量143)の物質量は等しいので，求めるCu_2Oの質量は，

$$R\text{-}CHO \xrightarrow{\text{酸化}} R\text{-}COO^-$$

$$\frac{648}{342} \times 143 = 286\ \text{g}$$

47　アミノ酸，タンパク質

答

問1　酸性　$R-C(H)(NH_3^+)-COOH$　中性　$R-C(H)(NH_3^+)-COO^-$　塩基性　$R-C(H)(NH_2)-COO^-$

問2　等電点

問3　ア：縮合　イ：ジペプチド　ウ：トリペプチド

エ：ポリペプチド

問4　①　ビウレット反応　②　キサントプロテイン反応

問5　PbS

解説

問1

解答への道しるべ

GR 1 水溶液中のアミノ酸の構造

1. 中性付近の水溶液では，大部分の$-COOH$は$-COO^-$になっており，大部分の$-NH_2$は$-NH_3^+$になっている。
2. 強酸性水溶液中では($[H^+]$が大きいので)，$-COO^-$が$-COOH$になる。
3. 強塩基性水溶液中では($[H^+]$が小さいので)，$-NH_3^+$が$-NH_2$になる。

アミノ酸は側鎖部分をRとすると，一般式$RCH(NH_2)COOH$で表される。アミノ酸は結晶中では，カルボキシ基$-COOH$がH^+放出して$-COO^-$に，アミノ基$-NH_2$がH^+を受け取り$-NH_3^+$になって，**双性イオン**として存在している。

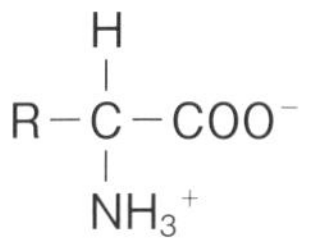

$$\mathrm{R-\underset{\underset{NH_3^+}{|}}{\overset{\overset{H}{|}}{C}}-COO^-}\quad\text{(双性イオン)}$$

また，中性溶液から考えて，酸性($[H^+]$が大きい)溶液中では$-COO^-$が$-COOH$に，塩基性($[H^+]$が小さい)溶液では$-NH_3^+$が$-NH_2$に変化すると考えると，各溶液での構造が理解できる。

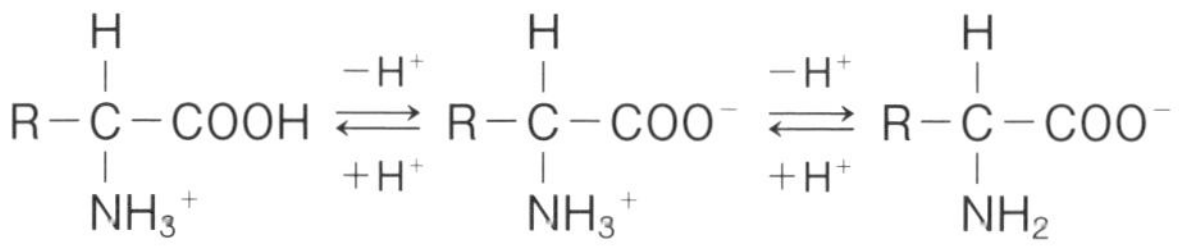

$$\mathrm{R-\underset{\underset{NH_3^+}{|}}{\overset{\overset{H}{|}}{C}}-COOH}\ \underset{+H^+}{\overset{-H^+}{\rightleftarrows}}\ \mathrm{R-\underset{\underset{NH_3^+}{|}}{\overset{\overset{H}{|}}{C}}-COO^-}\ \underset{+H^+}{\overset{-H^+}{\rightleftarrows}}\ \mathrm{R-\underset{\underset{NH_2}{|}}{\overset{\overset{H}{|}}{C}}-COO^-}$$

問2

GR 2 等電点

アミノ酸の電荷の総和が0になるpHを等電点といい，アミノ酸ごとに等電点が決まっている。

47 アミノ酸、タンパク質

水溶液中のアミノ酸の電荷の総和が0になるpHをそのアミノ酸の**等電点**という。等電点はアミノ酸ごとに異なっており，たとえば，アラニンAlaは6.0，リシンLysは9.7である。

問3

あるアミノ酸分子のカルボキシ基と，別のアミノ酸分子のアミノ基との間で$_{ア}$**縮合**が起こると，アミド結合ができる。このように，アミノ酸どうしから生じたアミド結合を，特に**ペプチド結合**という。

$$\mathrm{H-\underset{|}{\overset{H}{N}}-\overset{R}{CH}-\underset{\|}{C}(=O)-OH + H-\overset{H}{N}-\overset{R'}{CH}-C(=O)-OH \longrightarrow H-\overset{H}{N}-\overset{R}{CH}-\boxed{C(=O)-\overset{H}{N}}-\overset{R'}{CH}-C(=O)-OH + H_2O}$$

ペプチド結合

このとき，アミノ酸2分子が縮合して結合した分子を$_{イ}$**ジペプチド**，3分子が結合した分子を$_{ウ}$**トリペプチド**，多数のアミノ酸が縮合より鎖状に結合した分子を$_{エ}$**ポリペプチド**という。

問4

GR 3 タンパク質，アミノ酸の検出

1. **ビウレット反応**……NaOHと$CuSO_4$水溶液を加えると赤紫色を呈する。トリペプチド以上(ペプチド結合2個以上)のペプチドが検出。
2. **キサントプロテイン反応**……濃硝酸を加えると黄色。冷却してNH_3水を加えると橙黄色を呈する。ベンゼン環をもつアミノ酸(Phe，Tyr)が検出。
3. 硫黄の検出……NaOHを加えて加熱した後，酢酸鉛(II)水溶液を加えてPbSの黒色沈殿が生成。Sを含むアミノ酸(Cys，Met)が検出。
4. **ニンヒドリン反応**……ニンヒドリン溶液を噴霧して温めると，赤紫色を呈する。アミノ酸，タンパク質が検出。

① ペプチドまたは，タンパク質にNaOH水溶液と$CuSO_4$水溶液を加えると赤紫色を呈する。この反応をビウレット反応といい，トリペプチド以上(ペプチド結合は2個以上)のペプチドであれば反応が起こる。よって，アミノ酸2分子からなるジペプチドやアミノ酸は呈色しない。

② 構成アミノ酸にベンゼン環をもつアミノ酸が含まれているとき，濃硝酸

を加えて加熱すると黄色になり，冷却後にNH_3水を加えると橙黄色になる反応をキサントプロテイン反応という。この反応は，ベンゼン環がHNO_3によってニトロ化されることによって呈色する。キサントプロテイン反応を示すことで，ベンゼン環をもつアミノ酸のチロシン Tyr またはフェニルアラニン Phe の検出となる。

問 5

構成アミノ酸に含硫アミノ酸がふくまれているとき，NaOH 水溶液を加えて加熱した後，$(CH_3COO)_2Pb$水溶液を加えるとPbSの黒色沈殿を生じる。この反応を示すことで，硫黄を含むアミノ酸のシステイン Cys またはメチオニン Met の検出となる。

48　合成高分子

答

問 1　ア：ヘキサメチレンジアミン　イ：アジピン酸

ウ：ポリエチレンテレフタラート

エ：(ε-)カプロラクタム　オ：酢酸ビニル

カ：ホルムアルデヒド　キ：フェノール

問 2　2.0×10^3 個

問 3

$$n\mathrm{HO-CH_2-CH_2-OH} + n\mathrm{HO-\overset{O}{\overset{\|}{C}}-C_6H_4-\overset{O}{\overset{\|}{C}}-OH} \longrightarrow \left[\mathrm{O-CH_2-CH_2-O-\overset{O}{\overset{\|}{C}}-C_6H_4-\overset{O}{\overset{\|}{C}}}\right]_n + 2n\mathrm{H_2O}$$

問 4　平均重合度：5.0×10^2　（　カ　）の物質量：7.5×10^{-2} mol

問 5　尿素樹脂，メラミン樹脂

48 合成高分子

解説

問2

解答への道しるべ

GR 1 平均重合度

高分子の平均分子量 ＝ 繰り返し単位の式量 × 平均重合度

ナイロン66は，ヘキサメチレンジアミンとアジピン酸を縮合重合して得られる高分子化合物である。

$$n\,\mathrm{H{-}N(H){-}(CH_2)_6{-}N(H){-}H} + n\,\mathrm{HO{-}C(=O){-}(CH_2)_4{-}C(=O){-}OH}$$

ヘキサメチレンジアミン　　アジピン酸

$$\longrightarrow \left[\mathrm{{-}N(H){-}(CH_2)_6{-}N(H){-}C(=O){-}(CH_2)_4{-}C(=O){-}}\right]_n + 2n\mathrm{H_2O}$$

ナイロン66

ナイロン66の構造式は次のようになり，平均分子量は226 n となる。

アミド結合

$$\left[\mathrm{{-}N(H){-}(CH_2)_6{-}N(H){-}C(=O){-}(CH_2)_4{-}C(=O){-}}\right]_n$$

このナイロン66の平均重合度は，$n = \dfrac{2.26 \times 10^5}{226} = 1.0 \times 10^3$

繰り返し単位あたり，アミド結合は2個$\left(= \dfrac{1}{2} + 1 + \dfrac{1}{2}\right)$あるので，1分子当たりのアミド結合の数は，$2 \times 1.0 \times 10^3 = 2.0 \times 10^3$ 個

問4

GR 2 アセタール化

2個の－OH基とホルムアルデヒドHCHOが反応。

$$\mathrm{{-}OH + HCHO + HO{-} \longrightarrow {-}O{-}CH_2{-}O{-} + H_2O}$$

ポリ酢酸ビニル(平均分子量86n)の平均重合度 n は,

$$n = \frac{4.3 \times 10^4}{86} = 5.00 \times 10^2 \fallingdotseq 5.0 \times 10^2$$

ポリ酢酸ビニルの物質量は, $\dfrac{43}{4.3 \times 10^4} = 1.0 \times 10^{-3}$ mol

ポリ酢酸ビニルをけん化して，ポリビニルアルコール(平均分子量 $44n$)が生成する。

$$\left[\mathrm{CH_2-CH(OCOCH_3)}\right]_n \xrightarrow{\text{けん化}} \left[\mathrm{CH_2-CH(OH)}\right]_n$$

ポリ酢酸ビニル　　　　ポリビニルアルコール

アセタール化されたヒドロキシ基の割合を x とすると，重合度 n のポリビニルアルコール1 molには，n〔mol〕のヒドロキシ基が含まれ，アセタール化で $\dfrac{nx}{2}$〔mol〕のホルムアルデヒドが消費される。

$$\left[\mathrm{CH_2-CH(OH)}\right]_n + \frac{nx}{2}\ \mathrm{H-C(=O)-H} \longrightarrow \left[\mathrm{CH_2-CH(OH)}\right]_{n(1-x)}\left[\mathrm{CH_2-CH-CH_2-CH}\ (\mathrm{O-CH_2-O})\right]_{\frac{nx}{2}}$$

よって，ポリビニルアルコールの30%アセタール化($x = 0.30$)させるときに必要なホルムアルデヒドの物質量は,

$$\frac{43}{86n} \times \frac{n \times 0.30}{2} = 7.5 \times 10^{-2}\,\mathrm{mol}$$

問5

GR 2 熱可塑性樹脂と熱硬化性樹脂

1. 熱可塑性樹脂……加熱すると軟らかくなり，冷えるとまた硬くなる樹脂。構造は一次元鎖状。PET，メタクリル樹脂など。
2. 熱硬化性樹脂……加熱しても軟らかくならない樹脂。構造は三次元網目状。フェノール樹脂，尿素樹脂，メラミン樹脂など。

加熱すると軟らかくなり，冷えるとまた硬くなる樹脂を**熱可塑性樹脂**といい，一次元鎖状構造をとる。また，加熱しても軟らかくならない樹脂を**熱硬化性樹**

48

合成高分子

脂といい，三次元網目状構造をとる。

尿素樹脂

```
                                  |
         O                        CH2
         ‖                        |
---CH2 - N - C - NH - CH2 - N - C - N - CH2---
         |                      ‖   |
        CH2                     O  CH2
         |                          |
---CH2 - N - C - N - CH2 - NH - C - N - CH2---
             ‖   |              ‖
             O   CH2            O
                 |
```

ポリエチレン　$\text{-}\!\!\!\left[CH_2-CH_2 \right]\!\!\!\text{-}_n$

メタクリル樹脂　$\left[CH_2-\underset{\displaystyle COOCH_3}{\overset{\displaystyle CH_3}{\overset{|}{\underset{|}{C}}}} \right]_n$

メラミン樹脂

```
   --CH2-N-H                 H-N-CH2--
         |                     |
        N   N                 N   N
--CH2-N-  N  -N-CH2-N-  N  -N-CH2--
      |        |       |        |
      H       CH2--   CH2--     H
```

上の構造の中で，三次元網目状構造をとるものは，尿素樹脂とメラミン樹脂である。

49 ゴム

答

問1　ア　硫黄　　イ　架橋　　ウ　加硫　　エ　エボナイト

オ　付加　　カ　共

問2

$$\left[\!\!-CH_2-\underset{\underset{CH=CH_2}{|}}{CH}-\!\!\right]_n \quad \left[\!\!-CH_2\diagdown C=C \diagup CH_2-\!\!\right]_n \text{(cis: H, H)} \quad \left[\!\!-CH_2\diagdown C=C \diagup H ,\ H \diagup \quad \diagdown CH_2-\!\!\right]_n$$

問3　16 g

解説

問1

解答への道しるべ

GR 1 天然ゴム

1. 天然ゴムの構造は，イソプレンの重合体(ポリイソプレン)であり，シス形構造である。トランス形のものはグッタペルカといい硬い。
2. 硫黄を加えて加熱すると，分子間に硫黄の架橋構造ができ，弾性が強くなる。これを加硫という。
3. 加硫しすぎると硬くなり，エボナイトという物質ができる。

天然ゴムに$_{ア}$**硫黄**を数パーセント加えて加熱すると，下のように$_{イ}$**架橋**構造が生じるために，弾性が大きく化学的にも機械的にも強いゴムになる。この操作を$_{ウ}$**加硫**という。

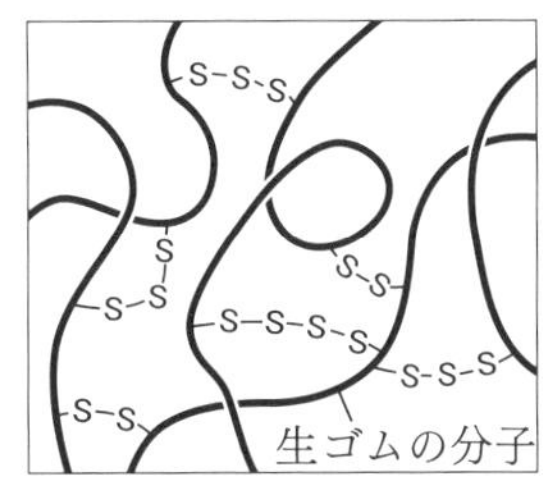

また，天然ゴムに硫黄を30〜40%加えて加硫すると黒色の硬い物質ができる。これは$_{\text{エ}}$**エボナイト**とよばれる。

問2

1,3-ブタジエン $CH_2=CH-CH=CH_2$ を付加重合させるとき，次の① 1，2 付加，② 1,4 付加(シス)，③ 1,4 付加(トランス)の 3 つが考えられる。

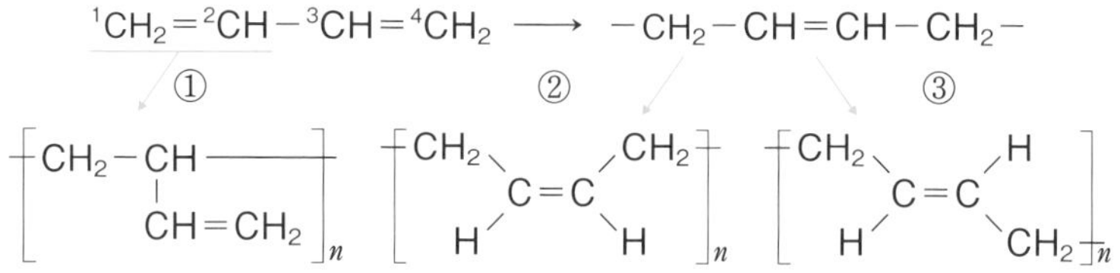

$$^{1}CH_2={}^{2}CH-{}^{3}CH={}^{4}CH_2 \longrightarrow -CH_2-CH=CH-CH_2-$$

① $\left[CH_2-CH(-CH=CH_2)\right]_n$

② $\left[CH_2(H)C=C(H)CH_2\right]_n$（シス）

③ $\left[CH_2(H)C=C(H)CH_2\right]_n$（トランス）

問3

GR 2 合成ゴムの計算

SBR や NBR などの合成ゴムは，2 種類の単量体を付加重合して得られる(これを共重合という)。したがって，PET などのように単量体が交互に繰り返されるものではないので，高分子全体で，単量体の比を使って計算をする。

スチレンと 1,3-ブタジエンからなる SBR は，物質量比 1：4 で反応させたので，繰り返し単位をスチレン：1,3-ブタジエン $= k：4k$ とすると，構造式は次のようになる。

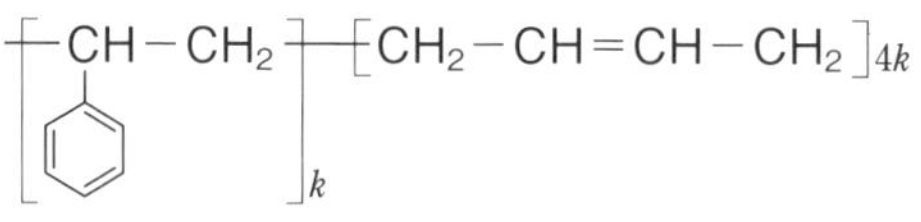

$$\left[CH(C_6H_5)-CH_2\right]_k\left[CH_2-CH=CH-CH_2\right]_{4k}$$

この SBR の分子量は$(104 + 54 \times 4)k = 320k$ であり，SBR 1 分子中に C=C は $4k$〔個〕含まれるので，8 g の SBR に付加できる Br_2(分子量 160)の質量は，

$$\frac{8}{320k} \times 4k \times 160 = 16\ \text{g}$$

50 イオン交換樹脂

答

問1 $CH_2=CH$（ベンゼン環が結合）

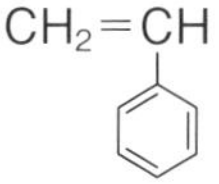

問2 ア：あ　イ：け　ウ：う　エ：き

問3 b　問4 1.0×10^{-1}

解説

問1，2

解答への道しるべ

GR 1 イオン交換樹脂の構造

1. スチレンと p-ジビニルベンゼンを共重合する。ここで，p-ジビニルベンゼンは，スチレンの分子鎖を架橋する目的である。
2. 1. で得られた共重合体を濃硫酸でスルホン化すると，**陽イオン交換樹脂**が得られる。
3. 1. で得られた共重合体に $-CH_2-N(CH_3)_3OH$ の構造を導入すると，**陰イオン交換樹脂**が得られる。

スチレンを付加重合させると，ポリスチレンが得られる。

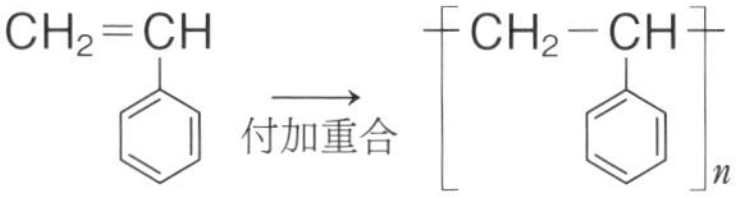

$$CH_2=CH(C_6H_5) \xrightarrow{\text{付加重合}} \left[CH_2-CH(C_6H_5) \right]_n$$

ポリスチレンは一次元鎖状構造なので，加熱すると軟らかくなるため，**熱可塑性樹脂**に分類される。

一方，スチレンに少量の p-ジビニルベンゼンを加えて共重合させると，架橋構造をもつ共重合体(高分子化合物 B)が生成し，B を濃硫酸でスルホン化すると，**陽イオン交換樹脂**(高分子化合物 C)が得られる。

$$-CH_2-CH-CH_2-CH-CH_2-CH-$$

SO_3H　　CH　　SO_3H

$$-CH_2-CH-CH_2\ CH_2-CH-CH_2-CH-$$

SO_3H　　SO_3H　　SO_3H

問3

GR 2 イオン交換樹脂のはたらき

1. 陽イオン交換樹脂は，陽イオンを H^+ と交換するはたらきがある。
　陽イオン交換樹脂を $R-SO_3H$，陽イオンを M^+ とすると，次の反応が起こる。

$$R-SO_3H + M^+ \longrightarrow R-SO_3M + H^+$$

2. 陰イオン交換樹脂は，陰イオンを OH^- と交換するはたらきがある。
　陰イオン交換樹脂を $R-CH_2-N(CH_3)_3OH$，陰イオンを X^- とすると，次の反応が起こる。

$$R-CH_2-N(CH_3)_3OH + X^- \longrightarrow R-CH_2-N(CH_3)_3X + OH^-$$

　陽イオン交換樹脂を $R-SO_3H$ と表すと，陽イオン交換樹脂は陽イオンを H^+ と交換するはたらきがある。よって，硫酸銅(II)水溶液を加えると，次の反応が起こる。

$$2R-SO_3H + CuSO_4 \longrightarrow (R-SO_3)_2Cu + H_2SO_4$$

　したがって，Cu^{2+} はカラムの中に留まり，流出液は H_2SO_4 水溶液となる。さらに，流出液に $BaCl_2$ 水溶液を加えると，次の反応が起こり，$BaSO_4$ の白色沈殿が生じる。

$$Ba^{2+} + SO_4{}^{2-} \longrightarrow BaSO_4$$

問4

求める $CuSO_4$ 水溶液のモル濃度を x〔mol/L〕とすると，カラムに入れた $CuSO_4$ の物質量は，$x \times \frac{20}{1000}$〔mol〕であり，これは流出液に含まれる H_2SO_4 の物質量と等しい。また，H_2SO_4 を NaOH の中和反応の化学反応式は次式で表される。

$$H_2SO_4 + 2NaOH \longrightarrow Na_2SO_4 + 2H_2O$$

よって，中和反応の量的関係より，

$$2 \times x \times \frac{20}{1000} = 1 \times 2.0 \times 10^{-1} \times \frac{20}{1000} \qquad x = 1.0 \times 10^{-1}\ \mathrm{mol/L}$$

50

イオン交換樹脂

松原隆志　まつばら・たかし

河合塾化学科講師。広島県出身。広島大学工学部では発酵工学を専攻する。大学院在学中より予備校講師として活躍。西日本を中心に講座を担当。また、河合塾マナビスでは「化学ファイナルチェック」と「総合化学」を担当しているほか、「全統模試」の作問やテキストの作成に数多く参加。化学の苦手な受験生がゼロになることを目指し、「難しい問題をかみくだいてわかりやすく」をモットーとした講義を心がけている。受験生がつまずきやすい急所を余すところなくフォローした講義と、すっきりとまとまった板書は受験生から好評である。著書に『『らき☆すた』と学ぶ　化学［理論編］が面白いほどわかる本』『『らき☆すた』と学ぶ　化学［有機編］が面白いほどわかる本』（以上、KADOKAWA）などがある。

大学入試問題集　ゴールデンルート

化学［化学基礎・化学］基礎編

2021年3月19日　初版発行

著者　松原　隆志
発行者　青柳　昌行
発行　株式会社KADOKAWA
〒102-8177
東京都千代田区富士見2-13-3
電話0570-002-301（ナビダイヤル）

印刷所　図書印刷株式会社

アートディレクション　北田　進吾
デザイン　堀　由佳里、畠中　脩大（キタダデザイン）
校正　㈱ダブルウイング
DTP　㈱明昌堂

本書の無断複製（コピー、スキャン、デジタル化等）並びに無断複製物の譲渡及び配信は、著作権法上での例外を除き禁じられています。また、本書を代行業者などの第三者に依頼して複製する行為は、たとえ個人や家庭内での利用であっても一切認められておりません。

●お問い合わせ
https://www.kadokawa.co.jp/（「お問い合わせ」へお進みください）
※内容によっては、お答えできない場合があります。
※サポートは日本国内のみとさせていただきます。
※Japanese text only

定価はカバーに表示してあります。

©Takashi Matsubara 2021　Printed in Japan
ISBN 978-4-04-604472-3　C7043